应用型本科 材料类专业"十三五"规划教材

U0379665

工程材料实验

主　编　丁红燕　张临财

副主编　龚　韬　张秋阳

参　编　王翎任　夏木建　李年莲

西安电子科技大学出版社

内 容 简 介

工程材料实验是为材料、机械类本科生开设的必修课，本书依据其教学大纲和教学基本要求编写。书中对金属材料、非金属材料、材料热处理以及材料选用等方面的知识进行了系统阐述，主要包括显微组织观察与分析、检测分析技术、材料的力学性能测定和综合设计实验四部分。

本书的任务是结合校内金工教学实习，使学生通过学习工程材料、材料处理、材料选用等基础知识，提高机械工程材料的实践应用能力，并为进一步学习成型技术、零件加工、力学性能测试和表征等知识以及其他有关课程及课程设计方面的知识奠定必要的基础。

本书可作为高等院校材料及机械类各专业的教材，也可作为相关工程技术人员的学习参考书。

图书在版编目(CIP)数据

工程材料实验/丁红燕，张临财主编. —西安：西安电子科技大学出版社，2017.12
ISBN 978-7-5606-4736-4

Ⅰ. ① 工… Ⅱ. ① 丁… ② 张… Ⅲ. ① 工程材料—材料试验 Ⅳ. ① TB302

中国版本图书馆 CIP 数据核字(2017)第 259116 号

策　　划　高 樱
责任编辑　雷芳菲　雷鸿俊
出版发行　西安电子科技大学出版社(西安市太白南路 2 号)
电　　话　(029)88242885　88201467　　　邮　编　710071
网　　址　www.xduph.com　　　　　　电子邮箱　xdupfxb001@163.com
经　　销　新华书店
印刷单位　陕西天意印务有限责任公司
版　　次　2017 年 12 月第 1 版　　2017 年 12 月第 1 次印刷
开　　本　787 毫米×960 毫米　1/16　印 张　10
字　　数　177 千字
印　　数　1～3000 册
定　　价　23.00 元

ISBN 978-7-5606-4736-4/TB

XDUP 5028001-1

如有印装问题可调换

应用型本科材料类专业系列教材
编审专家委员名单

主　任：**吴其胜**（盐城工学院　材料工程学院　院长/教授）

副主任：杨　莉（常熟理工学院　机械工程学院　副院长/教授）

　　　　朱协彬（安徽工程大学　机械与汽车工程学院　副院长/教授）

成　员：（按姓氏拼音排列）

　　　　陈　南（三江学院　机械学院　院长/教授）

　　　　丁红燕（淮阴工学院　机械与材料工程学院　院长/教授）

　　　　胡爱萍（常州大学　机械工程学院　副院长/教授）

　　　　刘春节（常州工学院　机电工程学院　副院长/副教授）

　　　　卢雅琳（江苏理工学院　材料工程学院　院长/教授）

　　　　王荣林（南理工泰州科技学院　机械工程学院　副院长/副教授）

　　　　王树臣（徐州工程学院　机电工程学院　副院长/教授）

　　　　王章忠（南京工程学院　材料工程学院　院长/教授）

　　　　吴懋亮（上海电力学院　能源与机械工程学院　副院长/副教授）

　　　　吴　雁（上海应用技术学院　机械工程学院　副院长/副教授）

　　　　徐启圣（合肥学院　机械系　副主任/副教授）

　　　　叶原丰（金陵科技学院　材料工程学院　副院长/副教授）

　　　　张可敏（上海工程技术大学　材料工程学院　副院长/教授）

　　　　张晓东（皖西学院　机电学院　院长/教授）

前　　言

本书是根据材料和机械相关专业的材料科学课程的教学基本要求编写的。

材料是人类文明与社会进步的物质基础，材料科学是当今世界最重要的基础学科之一，是高新技术的突破口，是经济、社会、民生、军事等领域的可持续发展的关键。为此，应加强材料方面的教育，重视材料相关课程的教学改革和建设。

实验教学是高校特别是工科专业的重要组成部分，是开展教学工作、提高教学质量、培养具有较强实践能力和创新精神的高素质人才不可缺少的重要环节。工程材料实验的发展目标是达到设计研究型实验的水平。实施实践证明，开设这类应用性、综合性和设计性较强的实验，可以更有效地培养学生的综合素质和创新能力，使学生具备较强的工作适应能力，同时，也可以提高师生整体的学术水平和教学水平。

本书以培养应用型本科人才为目标，立足于材料科学的基本问题，注重材料的广泛性和多样性，强调材料科学的实践性，注重学科的交叉，倡导大工程的理念，增强了新材料与新技术的应用，将实验内容由"单一型"向"综合型"转变，实验方法由"示范型"、"验证型"向"参与型"、"设计型"转变，实验性质由"体验型"向"研究型"转变；用先进的实验设备和方法、尽可能近似生产企业的工程环境，充分调动广大学生学习的积极性和实验的主动性，引导学生从微观的本质去认识工程材料，掌握材料与自然界条件之间的规律性联系，合理地使用材料，提高工程材料实验课程教学质量。

由于作者水平有限，书中不妥之处在所难免，恳请读者批评指正。

编　者
2017 年 6 月

目 录

第一章　显微组织观察与分析

- 显微镜的构造与使用

- 铁碳合金平衡组织观察

- 金相试样的制备

- 合金钢的显微组织分析

- 铸铁的显微组织观察

- 有色金属的组织观察与分析

- 碳钢热处理后的显微组织观察

实验一 显微镜的构造与使用

一、实验目的

(1) 熟悉光学显微镜的主要构造及其性能。

(2) 掌握低倍镜及高倍镜的使用方法。

(3) 初步掌握油镜的使用方法。

二、实验原理

光学显微镜(Light Microscope)是生物科学和医学研究领域常用的仪器，它在细胞生物学、组织学、病理学、微生物学及其他有关学科的教学研究工作中有着极为广泛的用途，是研究人体及其他生物机体组织和细胞结构强有力的工具。奥林巴斯显微镜(BHS 型)如图 1-1-1 所示。

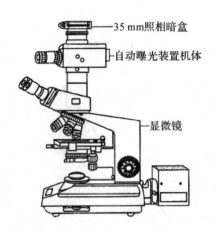

图 1-1-1　奥林巴斯显微镜(BHS 型)

光学显微镜简称光镜，是利用光线照明使微小物体形成放大影像的仪器。目前使用的光镜种类繁多，外形和结构差别较大，如暗视野显微镜、荧光显微镜、相差显微镜、倒置显微镜等，但其基本构造和工作原理是相似的。一台普通光镜主要由机械系统和光学系统两部分构成，其中光学系统主要包括光源、反光镜、聚光器、物镜和目镜等部件，如图 1-1-2 所示。

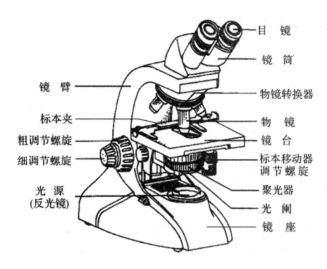

图 1-1-2 光学显微镜的构造

　　光镜是如何将微小物体放大的呢？物镜和目镜的结构虽然比较复杂，但它们的作用都相当于一个凸透镜。被检标本放在物镜下方的 1～2 倍焦距之间，上方形成一倒立的放大实像，该实像正好位于目镜的下焦点(焦平面)之内，目镜进一步将它放大成一个虚像，通过调焦可使虚像落在眼睛的明视距离处，在视网膜上形成一个直立的实像。显微镜中被放大的倒立虚像与视网膜上直立的实像是相吻合的，该虚像看起来好像在离眼睛 25 cm 处。

　　分辨力是光镜的主要性能指标。所谓分辨力(Resolving Power)，也称为分辨率或分辨本领，是指显微镜或人眼在 25 cm 的明视距离处，能清楚地分辨被检物体细微结构最小间隔的能力，即分辨出标本上相互接近的两点间最小距离的能力。据测定，人眼的分辨力约为 100 μm。显微镜的分辨力由物镜的分辨力决定，即物镜的分辨力就是显微镜的分辨力，而目镜与显微镜的分辨力无关。光镜的分辨力可由 R 表示(R 值越小，分辨率越高)，其计算公式为

$$R = \frac{0.61\lambda}{n\sin\theta} \tag{1-1-1}$$

式中，n 为聚光镜与物镜之间介质的折射率(其中空气的折射率为 1，油的折射率为 1.5)；θ 为标本对物镜镜口张角的半角，$\sin\theta$ 的最大值为 1；λ 为照明光源的波长(其中白光的波长

约为 0.5 nm)。放大率或放大倍数是光镜性能的另一重要参数，一台显微镜的总放大倍数等于目镜放大倍数与物镜放大倍数的乘积。

三、光学显微镜的基本构造及功能

1. 机械部分

1) 镜筒

安装在光镜最上方或镜臂前方的圆筒状结构是镜筒，其上端装有目镜，下端与物镜转换器相连。根据镜筒的数目，光镜可分为单筒式和双筒式两类。其中单筒式光镜又分为直立式和倾斜式两种。镜筒直立式光镜的目镜与物镜的中心线互成 45°，在其镜筒中装有能使光线折转 45° 的棱镜。而双筒式光镜的镜筒均为倾斜的。

2) 物镜转换器

物镜转换器又称物镜转换盘，是安装在镜筒下方的一圆盘状构造，可以按顺时针或逆时针方向自由旋转。其上均匀分布有 3～4 个圆孔，用以装载不同放大倍数的物镜。转动物镜转换盘可使不同的物镜到达工作位置(即与光路合轴)。使用时注意凭手感使所需物镜准确到位。

3) 镜臂

镜臂是支持镜筒和镜台的弯曲状构造，是取用显微镜时握拿的部位。镜筒直立式光镜在镜臂与其下方的镜柱之间有一倾斜关节，可使镜筒向后倾斜一定角度以方便观察，但使用时倾斜角度不应超过 45°，否则显微镜会由于重心偏移而容易翻倒。此外，在使用临时装片时，千万不要倾斜镜臂，以免液体或染液流出，污染显微镜。

4) 调焦器

调焦器也称调焦螺旋，其为调节焦距的装置，位于镜臂的上端(镜筒直立式光镜)或下端(镜筒倾斜式光镜)。调焦螺旋分粗调节螺旋(大螺旋)和细调节螺旋(小螺旋)两种。粗调节螺旋可使镜筒或载物台以较快速度或较大幅度升降，能迅速调节好焦距，从而使物像呈现在视野中，适用于低倍镜观察时的调焦。而细调节螺旋只能使镜筒或载物台缓慢或较小幅度升降(升或降的距离不易被肉眼观察到)，适用于高倍镜和油镜(这种镜头在使用时需浸在镜油中)的聚焦或观察标本的不同层次。一般在粗调节螺旋调焦的基础上再使用细调节螺旋，从而精细调节焦距。

有些类型的光镜，粗调节螺旋和细调节螺旋重合在一起，安装在镜柱的两侧。左右侧粗调节螺旋的内侧有一窄环，称为粗调节松紧调节轮，其功能是调节粗调螺旋的松紧度(向外转偏松，向内转偏紧)。另外，在左侧粗调节螺旋的内侧有一粗调节限位环凸柄，当用粗调节螺旋调准焦距后向上推紧该柄时，可使粗调节螺旋限位，此时镜台不能继续上升但细调节螺旋仍可调节。

5) 载物台

载物台也称镜台，是位于物镜转换器下方的方形平台，用于放置需要观察的玻片标本。平台的中央有一圆孔，称为通光孔，来自下方的光线通过通光孔照射到标本上。

6) 镜柱

镜柱是镜臂与镜座相连的短柱。

7) 镜座

镜座位于显微镜最底部，其为整个显微镜的基座，用于支持和稳定镜体。有的显微镜在镜座内有照明光源等构造。

2. 光学系统部分

光镜的光学系统主要包括物镜、目镜和照明装置(即反光镜、聚光器和光圈等)。

1) 目镜

目镜又称接目镜，安装在镜筒的上端，用于将物镜所放大的物像进一步放大。每个目镜一般由两个透镜(即接目透镜和会聚透镜)组成，在上下两透镜之间安装有能决定视野大小的金属光阑——视场光阑，此光阑的位置即是物镜所放大实像的位置，故可将一小段头发黏附在光阑上作为指针，用以指示视野中的某一部分供他人观察。此外，还可在光阑的上面安装目镜测微尺。每台显微镜通常配置 2～3 个不同放大倍率的目镜，常见的有 5×、10× 和 15×(其中 × 表示放大倍数)的目镜，可根据不同的需要选择使用，最常使用的是 10× 的目镜。

2) 物镜

物镜也称接物镜，安装在物镜转换器上。每台光镜一般有 3～4 个不同放大倍率的物镜，每个物镜由数片凸透镜和凹透镜组合而成，是显微镜最主要的光学部件，决定着光镜分辨力的高低。常用物镜的放大倍数有 10×、40× 和 100× 等几种。一般将 8× 和 10× 的物镜称为低倍镜(而将 5× 以下的物镜叫做放大镜)；将 40× 和 45× 的称为高倍镜；将 90× 和 100× 的称为油镜。

在每个物镜上通常都标有能反映其主要性能的参数，主要有放大倍数和数值孔径(如

10/0.25、40/0.65 和 100/1.25)，以及该物镜所要求的镜筒长度和标本上的盖玻片厚度(160/0.17，单位为 mm)等参数，此外，在油镜上还常标有"油"或"Oil"的字样。

油镜在使用时需要用香柏油或石蜡油作为介质，这是因为油镜的透镜和镜孔较小，而光线要通过载玻片和空气才能进入物镜中，由于玻璃与空气的折光率不同，部分光线产生折射而损失掉，导致进入物镜的光线减少，从而使视野暗淡，物像不清。因此在玻片标本和油镜之间填充与玻璃折射率近似的香柏油或石蜡油(玻璃、香柏油和石蜡油的折射率分别为 1.52、1.51、1.46，空气折射率为 1)，可减少光线的折射，增加视野亮度，提高分辨率。物镜分辨力的大小取决于物镜的数值孔径(Numerial Aperture，N.A.)。N.A.又称为镜口率，其数值越大，则表示分辨力越高。

如图 1-1-3 所示，C 线为盖玻片的上表面，10 物镜的工作距离为 7.63 mm；40 物镜的工作距离为 0.53 mm；100 物镜的工作距离为 0.198 mm；10/0.25、40/0.65、100/1.25 表示镜头的放大倍数和数值孔径。160/0.17 表示显微镜的机械镜筒长度(即标本至目镜的距离)和盖玻片的厚度。其中镜筒长度为 160 mm，盖玻片厚度为 0.17 mm。

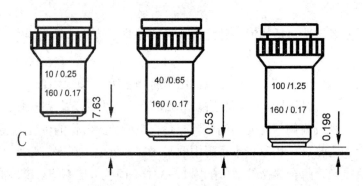

图 1-1-3　物镜的性能参数及工作距离

不同的物镜有不同的工作距离。所谓工作距离，是指显微镜处于工作状态(即焦距调好、物像清晰)时，物镜最下端与盖玻片上表面之间的距离。物镜的放大倍数与其工作距离成反比。当低倍镜被调节到工作距离后，可直接转换高倍镜或油镜，只需要用细调节螺旋稍加调节焦距，便可见到清晰的物像，这种情况称为同高调焦。

不同放大倍数的物镜也可从外形上加以区别。一般来说，物镜的长度与放大倍数成正比，其中低倍镜的长度最短，油镜的长度最长，而高倍镜的长度介于两者之间。

3) 聚光器

聚光器位于载物台通光孔的下方，由聚光镜和光圈构成，其主要功能是将光线集中到所要观察的标本上。

聚光镜由 2～3 个透镜组合而成，其作用相当于一个凸透镜，可将光线汇集成束。在聚光器的左下方有一调节螺旋可使其上升或下降，升高聚光器可使光线增强，反之则使光线变弱。

光圈也称为彩虹阑或孔径光阑，位于聚光器的下端，是一种能控制进入聚光器光束大小的可变光阑。光圈由十几张金属薄片组合排列而成，其外侧有一小柄，可使光圈的孔径开大或缩小，从而调节光线的强弱。在光圈的下方常装有滤光片框，用于放置不同颜色的滤光片。

4) 反光镜

反光镜位于聚光镜的下方，可向各方向转动，能将来自不同方向的光线反射到聚光器中。反光镜有两个面，一面为平面镜，另一面为凹面镜，凹面镜有聚光作用，适于在较弱光和散射光下使用，而在光线较强时则选用平面镜(现在有些新型的光学显微镜都有自带光源，而没有反光镜；有的光学显微镜二者都配置)。

四、光学显微镜的使用方法

1. 准备

将显微镜小心地从镜箱中取出(移动显微镜时应以右手握住镜臂，左手托住镜座)，放置在实验台的偏左侧，以镜座的后端离实验台边缘约 6～10 cm 为宜。首先检查显微镜的各个部件是否完整和正常。如果是镜筒直立式光镜，可使镜筒倾斜一定角度(一般不应超过45°)以方便观察(观察临时装片时禁止倾斜镜臂)。

2. 低倍镜的使用方法

(1) 对光：打开实验台上的工作灯(如果是自带光源显微镜，这时应该打开显微镜上的电源开关)，转动粗调节螺旋，使镜筒略升高(或使载物台下降)，调节物镜转换器，使低倍镜转到工作状态(即对准通光孔)，当镜头完全到位时，可听到轻微的扣碰声。

打开光圈并使聚光器上升到适当位置(以聚光镜上端透镜平面稍低于载物台平面的高度为宜)。然后用左眼向着目镜内观察(注意：两眼应同时睁开)，同时调节反光镜的方向(如果是自带光源显微镜，则调节亮度旋钮)，使视野内的光线均匀、亮度适中。

(2) 放置玻片标本：将玻片标本放置到载物台上，并用标本移动器上的弹簧夹将其固定好(注意：将有盖玻片或有标本的一面朝上)，然后转动标本移动器的螺旋，使需要观察的标本部位对准通光孔的中央。

(3) 调节焦距：用眼睛从侧面注视低倍镜，同时用粗调节螺旋使镜头下降(或载物台上升)，直至低倍镜头距玻片标本的距离小于 0.6 cm(注意：操作时必须从侧面注视镜头与玻片的距离，以避免镜头碰破玻片)。然后用左眼在目镜上观察，同时用左手慢慢转动粗调节螺旋使镜筒上升(或使载物台下降)直至视野中出现物像为止，再转动细调节螺旋，直至视野中的物像最清晰。

如果需要观察的物像不在视野中央，甚至不在视野内，可用标本移动器前后、左右移动标本的位置，使物像进入视野并移至中央。在调焦时如果镜头与玻片标本的距离已超过了 1 cm 还未见到物像，应严格按上述步骤重新操作。

3. 高倍镜的使用方法

(1) 在使用高倍镜观察标本前，应先用低倍镜寻找到需观察的物像，并将其移至视野中央，同时调准焦距，直至被观察的物像最清晰。

(2) 转动物镜转换器，直接使高倍镜转到工作状态(即对准通光孔)，此时，视野中一般可见到不太清晰的物像，只需调节细调节螺旋，即可使物像清晰。

(3) 低倍镜与高倍镜结合使用注意事项。

① 在从低倍镜准焦的状态下直接转换到高倍镜时，有时会发生高倍物镜碰擦玻片而不能转换到位的情况(这种情况，主要是由于高倍镜、低倍镜不配套造成的，即不是同一型号显微镜上的镜头)，此时不能硬转，应检查玻片是否放反、低倍镜的焦距是否调好以及物镜是否松动等情况后再重新操作。如果调整后仍不能转换，则应将镜筒升高(或使载物台下降)后再转换，然后用眼观察使高倍镜贴近盖玻片，再一边观察目镜视野，一边用粗调节螺旋使镜头极其缓慢地上升(或载物台下降)，直至看到物像后再用细调节螺旋准焦。

② 由于制造工艺上的原因，许多显微镜的低倍镜视野中心与高倍镜视野中心往往存在一定的偏差(即低倍镜与高倍镜的光轴不在一条直线上)。因此，在从低倍镜转换高倍镜观察标本时常会给观察者迅速寻找标本造成一定困难。为了避免这种情况的出现，帮助观察者在高倍镜下能较快找到所需放大部分的物像，可事先利用羊毛交叉装片标本来测定所用光镜的偏心情况，并绘图记录制成偏心图。具体操作步骤如下：

• 在高倍镜下找到羊毛交叉点并将其移至视野中心；

• 换低倍镜观察羊毛交叉点是否还位于视野中央，如果偏离视野中央，其所在的位置就是偏心位置；

• 将前面两个步骤反复操作几次，以找出准确的偏心位置，并绘出偏心图。当光镜的偏心点找出之后，在使用该显微镜的高倍镜观察标本时，事先可在低倍镜下将需进一步放大的部位移至偏心位置处，再转换高倍镜观察时，所需的观察目标就正好在视野中央。

4. 油镜的使用方法

(1) 用高倍镜找到所需观察的标本物像，并将需要进一步放大的部分移至视野中央。

(2) 将聚光器升至最高位置并将光圈开至最大(因油镜所需的光线较强)。

(3) 转动物镜转换盘，移开高倍镜，往玻片标本上需观察的部位(即载玻片的正面，相当于通光孔的位置)滴一滴香柏油(其折光率为 1.51)或石蜡油(其折光率为 1.47)作为介质，然后用眼观察，使油镜转至工作状态。此时油镜的下端镜面一般应正好浸在油滴中。

(4) 左眼注视目镜中，同时小心而缓慢地转动细调节螺旋(注意：这时只能使用细调节螺旋，千万不要使用粗调节螺旋)使镜头微微上升(或使载物台下降)，直至视野中出现清晰的物像。操作时不要反方向转动细调节螺旋，以免镜头下降压碎标本或损坏镜头。

(5) 油镜使用完后，必须及时将镜头上的油擦拭干净。操作时先将油镜升高 1 cm，并将其转离通光孔，先用干擦镜纸揩擦一次，把大部分的油去掉，再用沾有少许清洁剂或二甲苯的擦镜纸揩擦一次，最后再用干擦镜纸揩擦一次。至于玻片标本上的油，如果是有盖玻片的永久制片，可直接用上述方法擦干净；如果是无盖玻片的标本，则盖玻片上的油可用拉纸法揩擦，即先把一小张擦镜纸盖在油滴上，再往纸上滴几滴清洁剂或二甲苯。趁湿将纸往外拉，如此反复几次即可干净。

5. 使用显微镜应注意的事项

(1) 取用显微镜时，应一手紧握镜臂，一手托住镜座，不要用单手提拿，以避免目镜或其它零部件滑落。

(2) 在使用镜筒直立式显微镜时，镜筒倾斜的角度不能超过 45°，以免重心后移使显微镜倾倒。在观察带有液体的临时装片时，不要使用倾斜关节，以避免由于载物台的倾斜而使液体流到显微镜上。

(3) 不可随意拆卸显微镜上的零部件，以免发生丢失损坏或使灰尘落入镜内。

(4) 显微镜的光学部件不可用纱布、手帕、普通纸张或手指揩擦，以免磨损镜面，需要时只能用擦镜纸轻轻擦拭。机械部分可用纱布等擦拭。

(5) 在任何时候，特别是使用高倍镜或油镜时，都不要一边在目镜中观察，一边下降镜筒(或上升载物台)，以避免镜头与玻片相撞，损坏镜头或玻片标本。

(6) 显微镜使用完后应及时复原。先升高镜筒(或下降载物台)，取下玻片标本，使物镜转离通光孔。如果镜筒、载物台是倾斜的，应恢复直立或水平状态。然后下降镜筒(或上升载物台)，使物镜与载物台相接近。竖立反光镜，下降聚光器，关小光圈，最后放回镜箱中锁好。

(7) 在利用显微镜观察标本时，要养成两眼同时睁开，双手并用(即左手操纵调焦螺旋，右手操纵标本移动器)的习惯，必要时应一边观察一边计数或者绘图记录。

五、实验要求

分别用显微镜观察下列材料的组织形貌，并利用成像系统进行照片采集。

45 钢，T10 钢，灰铸铁，Al-Si 合金

六、思考题

(1) 若在载玻片上用钢笔写一个 "F" 字母，那么在显微镜目镜中观察到的是怎样一个字母？

(2) 在低倍镜下观察金相组织形态时，视野右上方发现珠光体，为了在高倍镜下对其进行观察，则应把该珠光体移至视野中央，该如何移动玻片？

(3) 如何判断光学构件上的异物或污点？

实验二　铁碳合金平衡组织观察

一、实验目的

(1) 了解铁碳合金在平衡状态下由高温到室温的组织转变过程。

(2) 分析铁碳合金平衡状态室温下的组织形貌。

(3) 加深对铁碳合金的成分、组织和性能之间关系的理解。

(4) 分析含碳量对铁碳合金平衡组织的影响，加深对 Fe-Fe$_3$C 相图的理解。

二、实验原理

认识铁碳合金的平衡组织是分析鉴别钢铁材料质量及性能的基础。所谓平衡组织，是指铁碳合金以极为缓慢的冷却速度冷至室温所得到的组织。在一般工业生产及实验条件下，经退火的碳钢组织可以看成是平衡组织。

铁碳合金的平衡组织主要是指钢和白口铸铁组织。含碳量小于 2.11% 的合金为碳钢，大于 2.11% 的合金为白口铸铁。所有碳钢和白口铸铁在室温下的组织均由铁素体和渗碳体两个基本相组成。由于含碳量不同，铁素体和渗碳体的相对数量、析出条件以及分布情况有所不同，因而呈现各种不同的组织形态。对碳钢和白口铸铁显微组织进行观察和分析，有助于加深对铁碳合金相图的理解。

由 Fe-Fe$_3$C 相图(见图 1-2-1)可以看出，铁碳合金的室温平衡组织组成物有铁素体、渗碳体、珠光体、莱氏体等，而组成相主要是铁素体和渗碳体两个基本相。由于含碳量不同，铁素体和渗碳体的析出条件、质量分数、形态与分布均有所不同，因而呈现各种不同的组织形态。

1. 碳钢和白口铸铁在金相显微镜下所具有的基本组织

1) 铁素体(α-Fe)

铁素体是碳在体心立方的 α-Fe 中的间隙固溶体，其最大固溶度为 0.0218%。铁素体中的部分铁原子也可能被硅、锰、镍、铬等原子所置换。除碳原子外，氮原子等也以间隙形式固溶于铁素体中，其固溶度很小。铁素体在钢中是硬度最低的相。

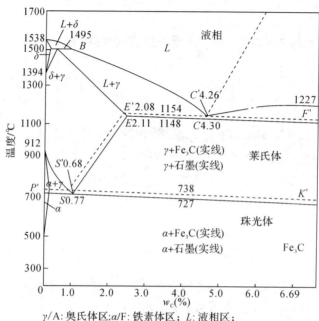

图 1-2-1　铁碳合金相图

γ/A: 奥氏体区; α/F: 铁素体区; L: 液相区;
Fe₃C/Cm: 渗碳体区; δ: 固溶体区

根据铁素体的显微形貌可将其分为等轴铁素体、细晶铁素体、板条状铁素体、片状铁素体、块状铁素体和魏氏组织铁素体等。用 2%～4%硝酸酒精溶液侵蚀后，在光学显微镜下可看到铁素体呈现白亮色的晶粒；而亚共析钢中铁素体呈块状分布；当含碳量接近共析成分时，铁素体则成网状分布于珠光体周围。因此铁素体具有良好的塑性和韧性。

2) 渗碳体(Fe₃C)

渗碳体是铁与碳形成的一种化合物，其含碳量为 6.69%。钢中锰、铬等元素也可置换渗碳体内的铁，从而形成合金渗碳体。渗碳体具有很高的硬度，维氏硬度为 950～1050。当用 3%～4%硝酸酒精溶液侵蚀后，渗碳体呈白亮色；若用苦味酸钠溶液侵蚀后，渗碳体呈黑色而铁素体仍为白亮色。由此，可区别铁素体和渗碳体。

按铁碳合金成分和形成条件不同，渗碳体呈现不同形态，分别为一次渗碳体、二次渗碳体和三次渗碳体。其中一次渗碳体(初生相)直接由液体中析出，在白口铸铁中呈粗大条片状；二次渗碳体(次生相)从奥氏体中析出，呈网状沿奥氏体晶界分布，经球化退火后呈颗粒状；三次渗碳体是由铁素体中析出的，通常呈不连续薄片状存在于铁素体晶界处，数量极少。

3) 珠光体(P)

珠光体是铁素体和渗碳体的机械混合物，其组织是共析转变的产物。由杠杆定律可以求得铁素体和渗碳体的重量比约为 7.9∶1，由此可知，铁素体较厚，渗碳体较薄。

(1) 片状珠光体。

片状珠光体是铁素体和渗碳体相互混合交替排列形成的层片状组织。在硝酸酒精溶液腐蚀下，铁素体的溶解速率比渗碳体大，因而渗碳体呈凸起状。铁素体和渗碳体对光的反射能力相近，因此在明视场照明条件下铁素体和渗碳体都是明亮的，只是相界呈暗灰色。

(2) 球状珠光体。

球状珠光体是由铁素体和分布其中的渗碳体颗粒所组成的。在硝酸酒精溶液腐蚀下，球状珠光体的组织为在亮白色的铁素体基体上均匀分布着白色的渗碳体颗粒，其边界呈暗黑色。

4) 莱氏体(Ld)

室温时，莱氏体是珠光体、二次渗碳体和共晶渗碳体所组成的机械混合物。它是含碳量为 4.3% 的液体共晶白口铸铁在 1148℃ 共晶反应中形成的共晶体(即奥氏体和共晶渗碳体)，其中莱氏体在刚形成时，由细小的奥氏体与渗碳体两相混合物组成，奥氏体在继续冷却时不断析出二次渗碳体，在冷却到 727℃ 时奥氏体的含碳量变为 0.77%，此时通过共析转变就形成珠光体。因此，莱氏体组织由珠光体和渗碳体组成。在硝酸酒精溶液腐蚀下，莱氏体在白亮色渗碳体的基体上相间地分布着暗黑色斑点及细条状的珠光体。

莱氏体分为高温莱氏体和低温莱氏体。奥氏体和渗碳体组成的机械混合物称为高温莱氏体，用符号 Ld 表示；高温莱氏体冷却到 727℃ 以下时，将转变为珠光体与渗碳体机械混合物，称为低温莱氏体，用 Ld′ 表示。

2. 典型铁碳合金的显微组织特征

1) 工业纯铁

如图 1-2-2 所示，工业纯铁的含碳量小于 0.0218% 的铁碳合金，在室温下其显微组织为铁素体和少量三次渗碳体。铁素体硬度在 80 HB 左右，而渗碳体硬度高达 800 HB。工业纯铁中的渗碳体量很少，故塑性、韧性好，而硬度、强度低，因此不能用作受力零件。

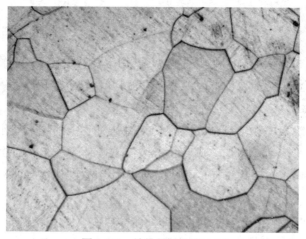

图 1-2-2   纯铁组织(1000×)

2) 碳钢

碳钢为含碳量在 0.0218%～2.11%之间的铁碳合金，在高温下为单相的奥氏体组织，塑性好，适应于锻造和轧制，广泛应用于工业领域。根据含碳量和室温组织，可将碳钢分为三类：亚共析钢、共析钢和过共析钢。

(1) 亚共析钢：含碳量在 0.0218%～0.77%之间的铁碳合金，在室温下组织为铁素体和珠光体。随着含碳量的增加，铁素体的数量逐渐减少，而珠光体的数量则相应增加。在显微组织中铁素体呈白色，珠光体呈暗黑色或层片状，如图 1-2-3 和图 1-2-4 所示。

图 1-2-3   20 钢显微组织(200×)

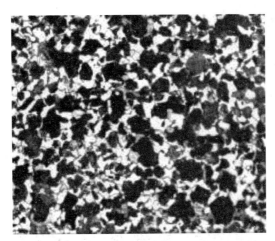

图 1-2-4　45 钢显微组织(200×)

(2) 共析钢：含碳量为 0.77%，其显微组织由单一的珠光体组成，即铁素体和渗碳体的混合物。在光学显微镜下观察时，可看到共析钢层片状的特征，即渗碳体呈细黑线状和少量白色细条状分布在铁素体基体上，若放大倍数低，珠光体组织细密或腐蚀过深时，珠光体片层难于分辨，而呈现暗黑色区域，如图 1-2-5 所示。

图 1-2-5　T8 钢退火处理后的显微组织(200×)

(3) 过共析钢：含碳量在 0.77%～2.11% 之间，在室温下组织为珠光体和网状二次渗碳体，其含碳量越高，渗碳体网愈多、愈完整。当含碳量小于 1.2% 时，二次渗碳体呈现出不连续网状，相应的其强度、硬度增加，而塑性、韧性降低；当含碳量大于或等于 1.2% 时，二次渗碳体呈现出连续网状，使强度、塑性、韧性显著降低。此外，过共析钢含碳量一般不超过 1.2%～1.4%，二次渗碳体网用硝酸酒精溶液腐蚀后呈白色，用苦味酸钠溶液热腐蚀后呈暗黑色，如图 1-2-6 所示。

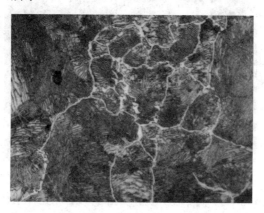

图 1-2-6　T12 钢退火处理后的显微组织(200×)

3) 白口铸铁

白口铸铁的含碳量在 2.11%～6.69%之间，室温下碳几乎全部以渗碳体形式存在，故硬度高，但脆性大，因此，工业上应用很少。按含碳量和室温组织将其分为三类，分别为亚共晶白口铸铁，共晶白口铸铁、过共晶白口铸铁。

(1) 亚共晶白口铸铁：含碳量在 2.11%～4.3%之间，室温组织为珠光体、二次渗碳体和低温莱氏体 Ld′组成。用硝酸酒精溶液腐蚀后，在显微镜下呈现枝晶状的珠光体和斑点状的莱氏体，其中二次渗碳体与共晶渗碳体混在一起，不易分辨，如图 1-2-7 所示。

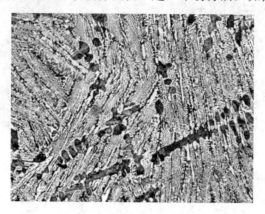

图 1-2-7　亚共晶白口铸铁的显微组织(200×)

(2) 共晶白口铸铁：含碳量为 4.3%，在室温下组织由单一的莱氏体组成，经腐蚀后，在显微镜下低温莱氏体呈豹皮状，由珠光体、二次渗碳体及共晶渗碳体组成，其中，珠光体呈暗黑色的细条状及斑点状，二次渗碳体常与共晶渗碳体连成一片，不易分辨，且呈亮白色，如图 1-2-8 所示。

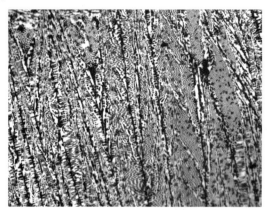

图 1-2-8　共晶白口铸铁的显微组织(200×)

(3) 过共晶白口铸铁：是含碳量大于 4.3%的白口铸铁，在室温下的组织由一次渗碳体和莱氏体组成，经硝酸酒精溶液腐蚀后，在显微镜下显示为斑点状的莱氏体基体上分布着亮白色粗大的片状的一次渗碳体，如图 1-2-9 所示。

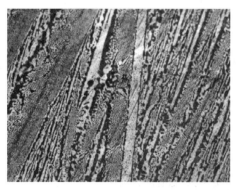

图 1-2-9　过共晶白口铸铁的显微组织(200×)

三、实验要求

(1) 实验前复习铁碳合金相图，并了解显微镜的操作过程。

(2) 按观察要求，选择物镜和目镜，装在显微镜上。

(3) 将试样磨面对着物镜放在显微镜载物台上。

(4) 用手慢旋显微镜粗调节螺旋，视场由暗到亮，直至看到组织为止。然后再旋细调节螺旋，直到图像清晰为止。调节动作要缓慢，不允许试样与物镜相接触。

(5) 逐个观察全部试样。

(6) 观察并画出表 1-2-1 中 8 个样品的显微组织。每一种样品都各画在一个直径 30 mm 的圆内，并用箭头标出图中各相组织(用符号表示)，在圆的下方标注材料名称、热处理状态、放大倍数和浸蚀剂等。

表 1-2-1　几种典型铁碳合金的平衡组织

序号	材料名称	处理状态	侵蚀剂	放大倍数	平衡组织
1	工业纯铁	退火	4%硝酸酒精溶液	400×	F
2	20 钢	退火	4%硝酸酒精溶液	400×	F + P
3	45 钢	退火	4%硝酸酒精溶液	400×	F + P
4	T8	退火	4%硝酸酒精溶液	400×	P
5	T12	退火	4%硝酸酒精溶液	400×	P + Fe$_3$C$_{II}$
6	亚共晶白口铸铁	退火	4%硝酸酒精溶液	400×	P + Fe$_3$C$_{II}$ + Ld′
7	共晶白口铸铁	退火	4%硝酸酒精溶液	400×	Ld′
8	过共晶白口铸铁	退火	4%硝酸酒精溶液	400×	Ld′ + Fe$_3$C$_I$

(7) 估计 20 钢、45 钢中 P 和 F 的相对量(即估计所观察视场中 P 和 F 各自所占的面积百分比)，并应用 Fe-Fe$_3$C 相图从理论上计算这两种材料的 P 和 F 组织相对量，与实验估计值进行比较。

四、思考题

(1) 杠杆原理的理论和实验意义是什么？

(2) Fe-C 合金平衡组织中，渗碳体可能有几种存在方式和组织形态？试分析它对性能有什么影响。

(3) 铁碳合金的 C%与平衡组织中的 P 和 F 组织组成物的相对数量的关系是什么？

(4) 珠光体 P 组织在低倍观察和高倍观察时有何不同？为什么？

实验三 金相试样的制备

一、实验目的

(1) 熟悉金相试样的制备过程。

(2) 了解金相试样浸蚀显示的基本方法。

二、实验原理

为了对金相显微组织进行鉴别和研究，需要将所分析的金属材料制备成一定尺寸的试样，经磨制抛光与腐蚀等工序后分析金属的显微组织状态及其分布情况。在科研和实验中，人们经常借助于金相显微镜对金属材料进行显微分析和检测，以控制金属材料的组织和性能。在进行显微分析前，首先必须制备金相试样，若试样制备不当，就不能看到真实的组织，也就得不到准确的结论。金相试样制备过程包括：取样(镶嵌)、磨制、抛光和浸蚀。

1. 取样

1) 取样原则

取样部位的选择应根据检验的目的选择有代表性的区域，一般进行如下几方面的取样。

(1) 原材料及锻件的取样：原材料及锻件的取样主要根据所要检验的内容进行纵向取样和横向取样。其中，纵向取样检验的内容包括：非金属夹杂物的类型、大小和形状；金属变形后晶粒被拉长的程度和带状组织等。横向取样检验的内容包括：检验材料自表面到中心的组织变化情况；表面缺陷；夹杂物分布；金属表面渗层与覆盖层等。

(2) 研究金属铸件组织时，由于存在偏析现象，必须从表面到中心同时取样进行观察。

(3) 事故分析取样：如果零件在使用或加工过程中被损坏，应先在零件损坏处取样然后再在没有损坏的地方取样，从而便于对比分析。

(4) 对于焊接结构，通常应在焊接接头处截取包含熔合区及过热区的试样。

2) 取样方法

取样的方法因材料的性能不同，因材料的性能有硬有软，所以取样的方法也不一样。软材料可用锯、车、铣、刨等来截取；对于硬的材料则用金相切割机或线切割机床截取。

需要注意的是，在切割时要用水冷却，以免试样受热引起组织变化。对硬而脆的材料，可用锤击碎，选取合适的试样。

3) 试样尺寸

试样的大小以便于拿在手里磨制为宜，通常一般为$\phi12$ mm × 15 mm 圆柱体或 12 mm × 12 mm × 15 mm 正方体。取样的数量应根据工件的大小和检验的内容取 2～5 个为宜。

4) 镶嵌

截取好的试样有的过于细小或是薄片、碎片，不易磨制或要求精确分析边缘组织的试样就需要镶嵌成一定的形状和大小。常用的镶嵌方法有机械镶嵌、塑料镶嵌或环氧树脂冷嵌。其中机械镶嵌为用不同的夹具将不同外形的试样夹持。夹持时，夹具与试样之间、试样和试样之间应放上填片，填片应采用硬度相近且电位高的金属片，以免浸蚀试样时与填片发生反应，影响组织显示。塑料镶嵌是在专用镶嵌机上进行。常用材料是电木粉，电木粉是一种酚醛树脂，不透明，且有各种不同的颜色。镶嵌时在压模内加热加压，保温一定时间后取出。塑料镶嵌的优点是操作简单，成型后即可脱模，且不会发生变形。缺点是不适合淬火件。对于一些不能加热和加压的试样可采用环氧树脂冷嵌。

2. 磨光

磨光的目的是得到一个平整光滑的表面，磨光又分粗磨和细磨。

(1) 粗磨：一般材料可用砂轮机将试样磨面磨平，软材料可用锉锉平；磨时要用水冷却，以防止试样受热改变组织。不需要检查表层组织的试样要倒角倒边，以免试样在细磨及抛光时撕破抛光布或从抛光机上飞出伤人。

(2) 细磨：目的是消除粗磨留下的划痕，为下一步的抛光作准备，细磨又分为手工细磨和机械细磨。

手工细磨是选用不同粒度的金相砂纸(如 180、240、400、600、800、1500)，由粗到细手工磨制。磨时将砂纸放在玻璃板上，手持试样单方向向前推磨，切不可来回磨制，要用力均匀，不宜过重。每换一号砂纸时，试样磨面需转 90°，与旧划痕垂直，以此类推，直到旧划痕消失为止。试样细磨结束后，用水将试样冲洗干净待抛。

机械细磨是在专用的机械预磨机上进行。将不同号的水砂纸剪成圆形，置于预磨机圆盘上，并不断注入水，就可进行磨光，其方法与手工细磨一样，即磨好一号砂纸后，再换另一号砂纸，试样同样转 90°，直到 1000 号为止。

3. 抛光

抛光的目的是去除试样磨面上经细磨留下的细微划痕，使试样磨面成为光亮无痕的镜面。其中抛光有机械抛光、电解抛光、化学抛光。最常用的是机械抛光。

(1) 机械抛光是在金相抛光机上进行的。抛光时，试样磨面应均匀的轻压在抛光盘上。将试样由中心至边缘移动，并做轻微移动。在抛光过程中要以量少次数多和由中心向外扩展的原则不断加入抛光微粉乳液，且抛光应保持适当的湿度，因为太湿降低磨削力，使试样中的硬质相呈现浮雕状。而湿度太小，由于摩擦生热会使试样生温，使试样产生晦暗现象，其合适的抛光湿度是以提起试样后磨面上的水膜在 3～5 秒钟内蒸发完为准。此外，抛光压力不宜太大，时间不宜太长，否则会增加磨面的扰乱层。粗抛光可选用帆布、海军呢做抛光织物，精抛光可选用丝绒、天鹅绒、丝绸做抛光织物。在抛光前期抛光液的浓度应大些，后期使用较稀的，最后用清水抛，直至试样成为光亮无痕的镜面。再用清水冲洗干净后即可进行浸蚀。

(2) 电解抛光可避免机械抛光时表面层金属的变形或流动，从而能真实地显示金相组织。电解抛光法尤其适用于有色金属及其他硬度低、塑性大的金属(如铝合金、高锰钢、不锈钢等)，但不适于化学成分不均匀、偏析严重的金属、铸件及金属基体的非金属夹杂物检验的金相试样，且用塑料镶嵌样品的试样也不适于采用此法。在电解抛光时，应将磨光的试样浸入电解液中，接通试样阳极与阴极之间的电源(直流电源)。阴极可采用不锈钢板或铅板，并与试样抛光面保持一定距离(约 300 mm)。当电流密度足够大时，试样磨面即产生选择性溶解，靠近阳极的电解液在试样表面形成一层厚度不均的薄膜。薄膜本身具有较大电阻，与其厚度成正比。如果试样表面高低不平，则突出部分的薄膜要比凹陷部分的薄膜薄些，因此突出部分薄膜的电流密度较大，则溶解较快，试样最后形成平整光滑表面。其中，钢铁材料常用的电解液成分为：过氯酸(70%)50 mL，含 3%乙醚酒精 800 mL，水 150 mL。其他电解液成分可在有关手册上查阅。

(3) 化学抛光。化学抛光是将化学试剂涂在经过粗磨的试样上，经过数秒至几分钟后基于化学腐蚀的作用使表面发生选择性溶解，从而得到光滑平整的表面，其实质与电解抛光类似。该方法的优点是不需要专用抛光设备，操作简便；缺点是夹杂物易被蚀掉，且抛光面平整度较差，只能用于低倍常规检验。抛光时应将试样浸在抛光液中，或用棉花蘸取抛光液来回擦洗试样磨面。由于化学抛光兼有化学侵蚀作用，能显示金相组织，因此抛光后可直接在显微镜下观察。

4. 金相试样的显示

抛光后的金相试样置于金相显微镜下观察仅能看到铸铁中的石墨、非金属夹杂物。而金相组织只有在显示后才能看到，其中，金相组织显示的方法有化学浸蚀法、电解浸蚀法和物理浸蚀法。常用的是化学浸蚀法。化学浸蚀法是利用化学试剂对试样表面进行溶解或利用电化学作用来显示金属的组织。其中，纯金属及单相合金的浸蚀是一个化学溶解过程，由于晶界原子排列不规则，具有较高的自由能，所以晶界处易受腐蚀而呈凹沟，来自显微镜的光线在凹处就产生漫反射回不到目镜中，晶界呈现黑色。二相合金的浸蚀与纯金属截然不同，它主要是一个电化学腐蚀过程。由于不同的相具有不同的电极电位，当试样浸蚀时，就形成许多微小的局部电池，具有较高负电位的一相为阳极，被迅速电溶解而逐渐凹下去；具有较高正电位的另一相为阴极，由于不被浸蚀而保持原有的平面。两相形成的电位差越大，浸蚀速度越快，在光线的照射下，两个相就形成了不同的颜色，凹洼的部分呈黑色，而凸出的一相发亮呈白色。

5. 化学操作注意事项

(1) 对试样进行化学浸蚀时应在专用的实验台上进行，有毒的试剂应在抽风橱内进行。

(2) 试样在浸蚀前应清洗干净，磨面上不允许有任何脏物以免影响浸蚀效果。

(3) 根据材料和检验要求正确选择浸蚀剂，常用的金相试剂见表 1-3-1。

(4) 注意掌握浸蚀时间，一般是磨面由光亮逐渐失去光泽而变成银灰色或灰黑色。主要根据经验确定。通常高倍观察时浸蚀宜浅，低倍观察可深些。

(5) 试样浸蚀适度后，应立即用清水冲洗干净，滴上乙醇吹干，即可进行显微分析。

表 1-3-1　常用的金相试剂

序号	试剂名称	成　分	适用范围	注意事项
1	硝酸酒精溶液	硝酸 HNO_3　1～5 ml 酒精　100 ml	碳钢及低合金钢	硝酸含量按材料选择，浸蚀数秒钟
2	苦味酸酒精溶液	苦味酸酒精 2～10 g　100 ml	钢铁细密组织显示较清晰	浸蚀时间为数秒钟至数分钟
3	苦味酸盐酸酒精溶液	苦味酸　1～5 g 盐酸 HCl　5 ml 酒精　100 ml	淬火及淬火回火后钢的晶粒和组织	浸蚀时间较上例约快数秒钟至一分钟
4	苛性钠苦味酸水溶液	苛性钠　25 g 苦味酸　2 g 水 H_2O　100 ml	钢中的渗碳体染成暗黑色	加热煮沸浸蚀5～30分钟

序号	试剂名称	成分	适用范围	注意事项
5	氯化铁盐酸水溶液	氯化铁 FeCl₃ 5 g 盐酸 50 ml 水 100 ml	不锈钢，奥氏体高镍钢，铜及铜合金组织，奥氏体不锈钢软化组织	浸蚀至显现组织
6	王水甘油溶液	硝酸 10 ml 盐酸 20～30 ml 甘油 30 ml	奥氏体镍铬合金等组织	先将盐酸与甘油充分混合，然后加入硝酸，试样浸蚀前先行用势火预热
7	高锰酸钾苛性钠	高锰酸钾 4 g 苛性钠 4 g	高合金钢中碳化物、σ相等	煮沸使用，浸蚀 1～10 分钟
8	氨水双氧水溶液	氨水(饱和) 50 ml H₂O₂(3%) 50 ml	显示铜及铜合金组织	随用随配，以保持新鲜，用棉花醮擦
9	氯化铜氨水溶液	氯水(饱和) 8 g 氨水(饱和) 100 ml	同上	浸蚀30～60秒
10	硝酸铁水溶液	硝酸铁 10 g Fe(NO₃)₃ 水 100 ml	显示铜合金组织	用棉花擦拭
11	混合酸	氢氟酸(浓) 1 ml 盐酸 5 ml 硝酸 2.5 毫升 水 95 ml	显示硬铝组织	浸蚀10～20秒或用棉花醮擦
12	氢氟酸水溶液	氢氟酸 HF(浓) 5 ml 水 99.5 ml	显示一般铝合金组织	用棉花擦拭
13	苛性钠水溶液	苛性钠 1 g 水 90 ml	显示铝及合金组织	浸蚀数秒钟
14	显示原始奥氏体晶界	1. 苦味酸 3 g，20 型洗衣粉 0.5 克(内含烷基磺酸钠)，水 100 ml； 2. 盐酸 25 ml，硝酸 4 ml，水 25 ml	2CrNi3 30CrMnSi 38CrMoAl 40CrNiMo 等 原始回火高速钢原始奥氏体晶界	40～60℃ 2～5 分钟 浸蚀后轻抛数秒

三、实验要求

(1) 实验设备：金相切割机、砂轮机、镶嵌机、预磨机、抛光机、吹风机、显微镜。

(2) 实验材料：金相砂纸、抛光粉、抛光布、浸蚀剂、棉球、酒精。

(3) 实验试样：20，45，T8，T12，白口铁若干，任取一试样进行金相试样制备。

(4) 对于两端不平的试样，首先进行镶嵌操作，具体操作步骤如下：

① 将试样放入镶嵌机内，加入镶嵌粉，并压实；

② 装配好镶嵌机上的夹具，确保试样被压紧；

③ 设定镶嵌温度为135℃，并将旋转镶嵌机上的时间旋钮至8分钟位置，机器开始工作；

④ 取出试样。注意：首先松开镶嵌机上的夹具，但是不要取下，上升镶嵌样品，卸载残余载荷，之后取下夹具，再取出试样，一定不能用手碰触试样。

(5) 金相试样制备参见实验原理的磨光、抛光、组织显示部分。

(6) 对所制备的样品进行观察，并用显微镜进行拍照。

要求：独立制备试样，试样无明显划痕、扰乱层等缺陷。

四、思考题

(1) 如何显示原始奥氏体的晶粒度？

(2) 试分析陶瓷材料与金属材料制备金相样品的异同。

实验四　合金钢的显微组织分析

一、实验目的

(1) 观察几种常用合金钢的显微组织。

(2) 了解金属材料的常见缺陷。

(3) 掌握金属材料成分、组织、性能的关系及应用。

二、实验原理

1. 几种常用合金钢的显微组织

合金钢是在碳钢的基础上加入适量合金元素而得到的。在合金钢中，由于合金元素对相图及相变的影响，其显微组织比碳钢复杂得多。合金钢组织中除了有合金铁素体、合金奥氏体、合金渗碳体外，还有合金间化合物，其组织形态随合金含量的不同而呈现不同的特征。按用途将合金分为 3 大类，即合金结构钢、合金工具钢以及特殊性能钢。

1) 合金结构钢

一般合金结构钢是低合金钢，由于加入合金元素，铁碳相图发生一些变化，但其平衡状态的显微组织与碳钢的显微组织并没有本质区别。低合金钢热处理后的显微组织与碳钢的显微组织也没有根本的区别，在于合金元素使 C 曲线右移(Co 除外)，即以较低的冷却速度就可以获得马氏体组织。例如，40Cr 和 45 钢调质后的显微组织基本相同，都是回火索氏体。在合金结构钢中主要介绍轴承钢和渗碳钢。

(1) 轴承钢。

GCr15 钢是生产中应用最广泛的轴承钢，其热处理工艺主要为球化退火、淬火及低温回火，显微组织是回火隐晶马氏体(黑色)和碳化物(白亮色颗粒)，如图 1-4-1 所示。

(2) 渗碳钢。

20CrNiMo 是常用的合金渗碳钢，其主要用于制造汽车和拖拉机的渗碳件。根据渗碳温度、渗碳时间以及渗碳介质活性的不同，钢的渗碳层厚度与含碳量的分布也不同，其中渗碳层的厚度一般为 0.5 mm～1.7 mm。渗碳层的含碳量从表层向中心逐渐下降，渗碳后钢的表面含碳量为 0.85%～1.05%。经渗碳后的退火态组织由表面到心部依次是过共析钢组织(珠光体＋网状渗碳体)、共析钢组织(片状珠光体)、亚共析钢组织(铁素体＋珠光体)和心部原始组织，如图 1-4-2 所示。如果经渗碳后的退火组织表面渗碳浓度不高，就可能没有过共析区；如果经渗碳后的退火组织表面渗碳浓度太高，表层就出现块状碳化物。渗碳后直接淬火的组织由表面到心部依次是(高碳片状、针状马氏体、残余奥氏体＋少量碳化物)、混合马氏体、低碳马氏体、少量铁素体和心部原始组织。

图 1-4-1　Gr15 显微组织(200×)

图 1-4-2　20CrNiMo 显微组织(200×)

2) 合金工具钢

为了获得高的硬度、热稳定性、耐磨性以及足够的强度和韧性，钢在化学成分上应具有较高的碳含量(通常为 0.6%～1.3%)，从而保证淬火后获得高碳马氏。加入合金元素 Cr、W、Mo 等与碳形成合金碳化物，使钢具有高硬度和高耐磨性，从而增加钢的淬透性和回火稳定性。W18Cr4V 是一种常用的高合金工具钢，化学成分为：0.7%C～0.8%C，17.5%W～19%W，3.8%Cr～4.4%Cr，1.0%V～1.4%V，小于 0.3%Mo。由于钢中存在大量合金元素(大于 20%)，因此除了形成合金铁素体与合金渗碳体外，还会形成各种合金碳化物(如 Fe_4W_2C、VC 等)，这些组织特点决定了高速钢具有优良的切削性能。虽然 W18Cr4V 碳含量只有 0.7%～0.8%，但其含有莱氏体组织，所以被称为莱氏体钢。

(1) 铸态高速钢的显微组织包括共晶莱氏体、黑色组织、马氏体和残余奥氏体。其中鱼骨状组织是分布在晶界附近的共晶莱氏体，黑色的心部组织为 δ 共析相(即托氏体和索氏体混合组织)，晶粒外层为马氏体和残余奥氏体，见图 1-4-3。

(2) 铸造组织中碳化物的分布极不均匀，且有鱼骨状，因此必须反复锻造、多次锻拔将碳化物击碎从而使其分布均匀，然后去除锻造内应力退火，得到的组织为索氏体和碳化物，见图 1-4-4。

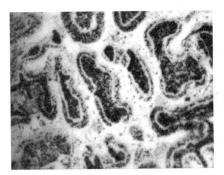

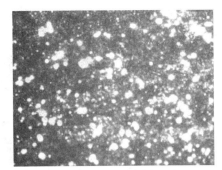

图 1-4-3　W18Cr4V-铸态(500×)　　　　图 1-4-4　W18Cr4V 560℃回火三次(500×)

　　(共晶莱氏体＋马氏体＋残余奥氏体)　　　　　　　(索氏体＋碳化物)

　　(3) 高速钢只有经过淬火和回火，才能获得所要求的高硬度和高红硬性。W18Cr4V 通常采用较高的淬火温度，一般为 1270℃～1280℃，这可以使奥氏体充分合金化，从而保证最终具有较高的红硬性。在淬火时可在油中或空气中冷却，其中淬火组织由(60%～70%)马氏体、残余奥氏体及约 10%加热时未溶的碳化物组成，如图 1-4-5 所示。在淬火组织中由于存在较多的残余奥氏体，因此一般需在 560℃进行 3 次回火。高速钢经淬火和 3 次回火后得到的组织为回火马氏体＋碳化物＋少量残余奥氏体(2%～3%)，如图 1-4-6 所示。

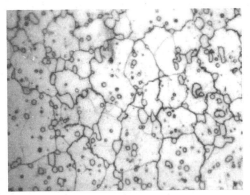

图 1-4-5　W18Cr4V-淬火(500×)　　　　图 1-4-6　W18Cr4V 600℃等温回火(500×)

　(马氏体＋残余奥氏体＋未溶碳化物)　　　　(索氏体＋残余奥氏体＋碳化物)

　　(4) 高速钢热处理缺陷。淬火温度过高会造成晶粒过大，且碳化物数量减少并向晶界聚集，以块状、角状沿晶界网状分布，这就是过热现象。若温度超过 1320℃，晶界熔化并出现莱氏体及黑色组织，这称为过烧现象，见图 1-4-7。

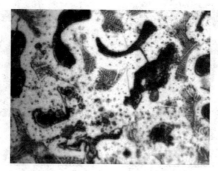

图 1-4-7　W18Cr4V-1320℃淬火-过烧(500×)

3) 特殊性能钢(不锈钢)

不锈钢是在大气、海水及其他侵蚀性介质环境中能稳定工作的钢种，其大多属于高合金钢。其中应用最广泛的是 1Cr18Ni9，其成分为：≤0.12%C，17%Cr～19%Cr，8%Ni～11%Ni，0.6%Ti～0.9%Ti。较低的含碳量、较高的含铬量是保证不锈钢耐蚀性的重要因素。铬在钢中的主要作用是产生钝化作用，提高电极电位从而加强钢的抗腐蚀性。镍的主要作用是扩大 γ 区及降低 Ms 点，从而保证在室温下具有奥氏体组织，进一步提高不锈钢的耐蚀能力。这种钢在室温下的平衡组织是奥氏体 + 铁素体 + $(CrFe)_{23}C_6$。因此为了提高不锈钢的耐蚀性以及其他性能，必须对其进行固溶处理。其中固溶处理是将钢加热到 1050℃～1150℃，从而使碳化物等全部溶解后水冷，即可在室温下获得单一奥氏体组织，如图 1-4-8 所示。在室温下的单一奥氏体状态的 1Cr18Ni9 是过饱和的、不稳定的组织。当钢的温度达到400℃～800℃，或者加热到高温后缓冷，$(CrFe)_{23}C_6$ 会从奥氏体晶界上析出，从而导致晶间腐蚀，这大大降低了钢的强度。目前有两种方法可以防止这种晶间腐蚀：一种方法是尽可能降低含碳量；另一种方法是加入与碳亲和力很强的元素，如 Nb、Ti、V 等，这样就会产生 1Cr18Ni9、0Cr18Ni9 等牌号的奥氏体镍铬不锈钢。

图 1-4-8　304 不锈钢 1050℃固溶处理(500×)

三、实验要求

1. 所用实验材料及实验设备

金相显微镜、合金钢金相试样和合金钢组织图谱。

2. 实验步骤

(1) 观察表 1-4-1 中材料的显微组织，并分析其显微组织和性能的关系。

(2) 描绘出几种合金钢的组织示意图。

表 1-4-1　不同材料的组织观察

编号	钢号	处理过程	显微组织	腐蚀剂
1	GCr15	淬火 + 低温回火	隐晶马氏体 + 碳化物	4%硝酸酒精
2	20CrNiMo	渗碳淬火 + 低温回火	回火马氏体 + 残余奥氏体	4%硝酸酒精
3	W18Cr4V	铸态	共晶莱氏体 + 马氏体 + 残余奥氏体	4%硝酸酒精
4	W18Cr4V	淬火	马氏体 + 残余奥氏体 + 未溶碳化物	4%硝酸酒精
5	W18Cr4V	1280℃油淬 560℃回火三次	索氏体 + 碳化物	4%硝酸酒精
6	W18Cr4V	1280℃油淬 600℃等温回火	回火马氏体 + 残余奥氏体 + 碳化物	4%硝酸酒精
7	1Cr18Ni9Ti	1100℃ 固溶处理	奥氏体(内有孪晶)	王水

注 1：用棉花沾浸蚀剂(即王水)，滴在样品上，直到看到试样表面普遍冒泡为止，此时表面呈灰色，有小的点状物出现，最后用水冲洗，并用酒精擦拭。

注 2：浸蚀前试样应保持清洁，在浸蚀时必须用新配制的浸蚀剂，如果浸蚀时观察到表面有晶粒界似的花纹则用水冲洗，并用酒精擦干。

3. 实验报告要求

(1) 明确本次实验目的。

(2) 根据观察分析各类合金的显微组织特征以及其显微组织对其性能的影响。

四、思考题

(1) 合金元素对共析点和共晶点的影响有哪些？

(2) 试说明显微组织与热处理之间的关系？

实验五　铸铁的显微组织观察

一、实验目的

(1) 了解球墨铸铁、可锻铸铁、蠕墨铸铁的金相组织和检验方法。

(2) 能够对球墨铸铁、可锻铸铁、蠕墨铸铁的各项检验内容进行正确的评定。

二、实验原理

铸铁是一种含碳量大于 2.11% 的铁碳合金。铸铁中的碳可以有固溶、化合、游离三种状态存在。铸铁的显微组织主要由石墨和金属基体组成。按照铸铁中碳的存在状态、石墨的形态特征及铸铁的性能特点可以将铸铁分为 5 类：白口铸铁、灰口铸铁、球墨铸铁、可锻铸铁和蠕墨铸铁。铸铁的金相检验主要包括：石墨形态、大小和分布情况，以及金属基体中各种组织组成物的形态、分布和数量等。

1. 灰口铸铁

灰口铸铁组织的特征是在钢的基体上分布着片状石墨。根据石墨化程度及基本组织的不同，灰口铸铁可分为：铁素体灰口铸铁，铁素体—珠光体灰口铸铁和珠光体灰口铸铁。按照灰铸铁的化学成分和性能特点将其分为普通灰铸铁、合金灰铸铁和特殊性能灰铸铁。在生产上，通过孕育处理而获得的高强度铸铁又称为孕育铸铁。

1) 石墨形态

灰铸铁的金相检验按照国家标准 GB/T7216—1987《灰铸铁金相》的规定方法和内容进行。灰口铸铁石墨分布形状的说明见表 1-5-1。

表 1-5-1　石墨的形态

名称	符号	说明	图号
片状	A	片状石墨均匀分布	1-5-1
菊花状	B	片状与点状石墨聚集成菊花状分布	1-5-2
块片状	C	部分带尖角块状、粗大片状粗生石墨及小片状石墨	1-5-3
枝晶点状	D	点、片状枝晶间石墨呈无向分布	1-5-4
枝晶片状	E	短小片状枝晶间石墨呈有向分布	1-5-5
星状	F	星状(或蜘蛛状)与短片状石墨均匀分布	1-5-6

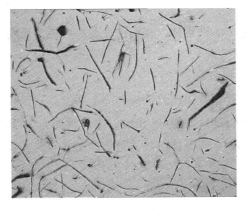

图 1-5-1　片状石墨(200×)

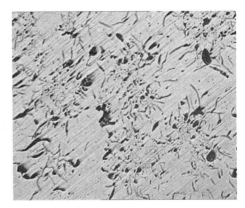

图 1-5-2　菊花状石墨(200×)

图 1-5-3　块片状石墨(200×)

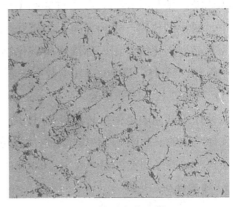

图 1-5-4　枝晶点状石墨(200×)

图 1-5-5　枝晶片状(200×)

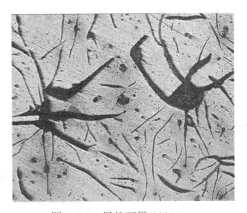

图 1-5-6　星状石墨(200×)

2) 基体组织

灰铸铁的基体组织一般为珠光体或者珠光体＋铁素体，在铸铁结晶后可能会出现碳化物和磷共晶。

(1) 珠光体粗细和珠光体数量。

灰铸铁的珠光体一般呈片状。在 500× 下根据片间距将珠光体分为四级：索氏体型珠光体(铁素体与渗碳体难以分辨)、细片状珠光体(其片间距≤1 mm)、中片状珠光体(其片间距 > 1～2 mm)、粗片状珠光体(其片间距 > 2 mm)。珠光体的数量是指珠光体与铁素体的相对量。国家标准中将珠光体的数量分为八级。

(2) 碳化物的分布形态和数量。

根据碳化物的分布形态可将碳化物分为条状碳化物、块状碳化物、网状碳化物和莱氏体状碳化物。条状碳化物一般为过共晶型碳化物。块状碳化物一般出现在低碳当量低合金铸铁中。网状碳化物一般为亚共晶型碳化物或从奥氏体中析出的二次碳化物。莱氏体状碳化物为共晶型碳化物。国家标准中将碳化物的数量分为 1～6 级，级别分别是碳 1、碳 3、碳 5、碳 10、碳 15、碳 20。(其中数字表示碳化物的体积分数%)。

(3) 灰铸铁共晶团的检验。

灰铸铁的共晶团是指在共晶转变时，共晶成分的铁水形成由石墨(呈分枝的立体状石墨簇)和奥氏体组成的共晶团。其中共晶团也代表铸铁的晶粒度。共晶团的检验一般在 10× 或 40× 下观察评级。共晶团侵蚀剂一般用：$CuCl_2$(1 g)＋$MgCl_2$(4 g)＋HCl(2 ml)＋酒精(100 ml)。

2. 球墨铸铁

球墨铸铁的石墨呈球状或接近球状，一般可分为普通球墨铸铁、高强度合金球墨铸铁和特殊性能球墨铸铁。其中球墨铸铁中的石墨和基体组织的检验是球墨铸铁生产的主要环节。

1) 球墨铸铁的石墨及其检验

(1) 石墨形态。

石墨形态是指单颗石墨的形状。由 GB/T 9441—1988《球墨铸铁金相检验》标准根据石墨面积率值将球墨铸铁的石墨形态分为球状、团状、团絮状、蠕虫状和片状。

(2) 石墨球化率及其确定。

由 GB/T 9441—1988《球墨铸铁金相检验》标准将球墨铸铁石墨球化率分为 1～6 级。

(3) 石墨大小。

国家标准中将石墨的大小分为 6 级。

2) 球墨铸铁的基体组织及其检验

球墨铸铁铸态下的基体组织为铁素体和珠光体。退火时能得到铁素体基体组织(一般呈牛眼状),正火时得到珠光体基体组织,其基体组织中可能会出现碳化物和磷共晶。一些合金球墨铸铁中会出现马氏体、奥氏体或贝氏体组织,见图1-5-7。

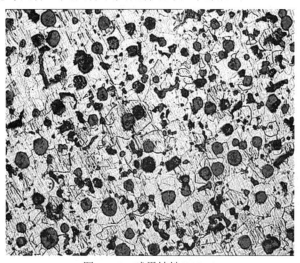

图1-5-7 球墨铸铁(200×)

对球墨铸铁的铸态和正火、退火态的基体组织的检验按照 GB/T 9441—1988《球墨铸铁金相检验》进行。内容包括:

(1) 珠光体粗细和珠光体数量。

球墨铸铁的珠光体一般呈片状。按片间距将珠光体分为粗片状珠光体、片状珠光体、细片状珠光体。国家标准中将珠光体的数量分为十二级。

(2) 分散分布的铁素体数量。

球墨铸铁中的铁素体分为块状或网状分布。国家标准中将块状和网状两个系列各分为六级:依次为铁5、铁10、铁15、铁20、铁25和铁30(其中数值表示铁素体数量的体积分数近似值)。

(3) 磷共晶数量。

球墨铸铁中的磷共晶多为奥氏体、磷化铁和渗碳体组成的三元磷共晶。国家标准中的磷共晶数量分为五级,依次为磷0.5、磷1、磷1.5、磷2、磷3。

(4) 渗碳体数量。

国家标准中将渗碳体数量分为五级,依次为渗1、渗2、渗3、渗4、渗5。

3) **球墨铸铁等温淬火的组织及检验**

(1) 等温淬火组织。

当等温温度较低时得到的组织为针状贝氏体，称为下贝氏体。当等温温度较高时得到的组织为羽毛状贝氏体，称为上贝氏体。

(2) 贝氏体长度。

按照标准 JB/T 3021—1981 分为五级。

(3) 白区数量。

所谓白区，是指球墨铸铁经等温淬火后，集中分布在共晶团边界上尚未转变的残余奥氏体和淬火马氏体，经侵蚀后呈白色断续网络状。按照标准 JB/T 3021—1981 分为四级。

(4) 铁素体数量。

按照标准 JB/T 3021—1981 分为三级。

4) **几种常见的铸造缺陷**

(1) 球化不良和球化衰退：显微特征是除球状石墨外，会出现较多蠕虫状石墨。

(2) 石墨漂浮：特征是石墨大量聚集，往往呈开花状，常见于铸件的上表面或泥芯的下表面。

(3) 夹渣：一般是指成聚集分布的硫化物和氧化物。

(4) 缩松：是指在显微镜下见到的微观缩孔，其分布在共晶团边界上，呈向内凹陷的黑洞。

(5) 反白口：特征是在共晶团的边界上出现许多呈一定方向排列的针状渗碳体。

3. 可锻铸铁

可锻铸铁是将铸态白口铸铁毛坯经过石墨化或脱碳处理后得到的铸铁，其具有较高的强度及良好的塑性和韧性，故又称延展性铸铁。但是可锻铸铁不可锻。我国应用最多的是黑心铁素体可锻铸铁，其组织是团絮状石墨和铁素体，见图 1-5-8。

1) **黑心可锻铸铁的石墨及检验**

(1) 石墨形状。

常见的石墨形状有：团球状－石墨较致密，外形近似圆形，边界凹凸；团絮状－似棉絮，外形较不规则。

(2) 石墨分布。

石墨分布分为 3 级。1 级为石墨均匀或较分布。2 级为石墨分布不均匀，但无方向性。3 级为石墨有方向性分布。

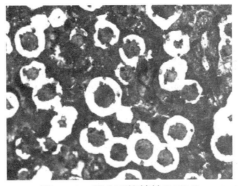

图 1-5-8　黑心可锻铸铁(200×)

2) 黑心可锻铸铁的基体组织及检验

黑心可锻铸铁的检验主要是对珠光体和渗碳体及表皮层厚度的检验。

(1) 珠光体残余量。

按照 JB/T2122—1977《铁素体可锻铸铁金相检验》标准分为五级。

(2) 渗碳体残余量。

(3) 表皮层厚度。

表皮层厚度是指出现在铸件外缘的珠光体层或铸件外缘的无石墨铁素体层。按照 JB/T2122—1977《铁素体可锻铸铁金相检验》标准分为四级。

4. 蠕墨铸铁

蠕墨铸铁的石墨结构处于灰铸铁的片状石墨和球墨铸铁的球状石墨之间，特征是石墨片的长度比较小，在光学显微镜下，其片厚且短，两端部圆钝，见图 1-5-9。

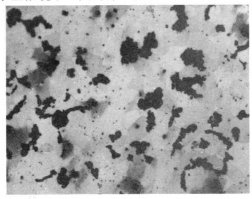

图 1-5-9　蠕墨铸铁(500×)

蠕墨铸铁的金相检验包括蠕化率和基体组织(即珠光体的数量)的检验。

三、实验要求

1. 实验仪器与实验材料

金相显微镜、球墨铸铁、可锻铸铁和蠕墨铸铁样品若干。

2. 实验内容

(1) 观察球墨铸铁、可锻铸铁、蠕墨铸铁的各种状态的显微组织。

(2) 根据每个试样的内容画出组织图,在图中注明各组织组成物。

(3) 根据相应检验标准评定级别,标明放大倍数。

四、思考题

(1) 球墨铸铁中的铁素体有几种?球墨铸铁等温淬火组织的金相检验应包括哪些内容?

(2) 黑心铁素体可锻铸铁的金相检验应包括哪些内容?

(3) 热处理可以改变石墨的形态吗?

实验六　有色金属的组织观察与分析

一、实验目的

(1) 观察铝合金、铜合金及轴承合金的显微组织。

(2) 了解有色金属的成分、组织及性能的特点以及其应用。

二、实验原理

1. 铝合金

在工业上常用的铝合金为 Al-Si 系、Al-Cu 系、Al-Mg 系和 Al-Zn 系四大类。

(1) ZL102 属于二元铝-硅合金，又名硅铝明，其成分为 10%Si～13%Si。ZL102 的铸造组织为粗大针状硅晶体和固溶体组成的共晶体，以及少量呈多面体形的初生硅晶体，但是粗大的硅晶体极脆，严重降低铝合金的塑韧性，如图 1-6-1 所示。为了改善合金的性能，通常需要进行变质处理，即浇注之前在合金液体中加入占合金重量 2%～3% 的变质剂。由于这些变质剂能促进硅的形核，并能吸附在硅的表面阻碍硅的生长，从而使合金组织大大细化，同时使合金共晶点右移，使合金变为亚共晶成分。经变质处理后的组织由 α 固溶体和细密的共晶体(α + Si)组成，如图 1-6-2 所示。由于硅的细化，使合金的强度塑性明显改善。

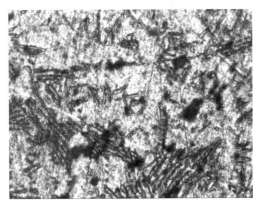 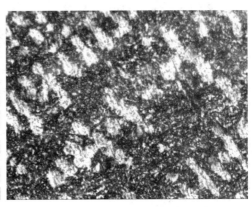

图 1-6-1　ZL102 铸态组织(200×)　　　　图 1-6-2　变质处理组织(200×)

(2) ZL109 属于共晶型铝合金。其成分为 11%Si～13%Si，0.5%Cu～1.5%Cu，0.8%Mg～1.3%Mg，0.8%Ni～1.5%Ni，0.7%Fe，余量为铝。其金相显微组织为 α(Al) + Si + Mg₂Si + Al₃Ni 相组成。其中 α(Al) 为白色基体，Si 为灰色板片，Al₃Ni 为黑色板块状，Mg₂Si 为黑色骨骼状。该合金加入 Ni 的目的主要是形成耐热相。

(3) ZL203 属于 Al-Cu 系合金，该合金的成分为 $4.0\%w_{Cu}$～$5.0\%w_{Cu}$，余量为铝。在铸态下它是由 α(Al) 和晶间分布的 α(Al) + Al₂Cu + N(Al₂Cu₂Fe) 相组成，经淬火处理后，Al₂Cu 全部溶入 α(Al)，其强度和塑性都比铸态高。

2. 铜合金

工业上常用的铜合金有纯铜(紫铜)、黄铜(铜锌合金)和青铜三大类。

1) 纯铜

纯铜又称紫铜，具有良好的导电、导热性和耐蚀性。经退火后的组织为具有孪晶的等轴晶粒，如图 1-6-3 所示。

2) 黄铜

常用的黄铜中含锌量<45%，含锌量<39%的黄铜具有单相 α 晶粒呈多边形，并有大量的孪晶产生。由于单相黄铜晶粒位相的差别，使其受侵蚀的程度不同，其晶粒颜色有明显差异，与纯铜相似，单相黄铜具有良好的塑性，因此可进行冷变形，如图 1-6-3 和图 1-6-4 所示。

含锌为 39%～45%的黄铜，具有 α + β′ 两相组织，称为双相黄铜。H62 黄铜的显微组织中 α 相呈亮白色，β′ 相为黑色。β′ 是以 CuZn 电子化合物为基的有序固溶体，在室温下较硬而脆，但在高温下有较好的塑性，所以双相黄铜可以进行热压力加工。

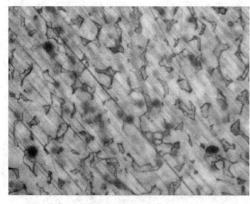

图 1-6-3　H70 退火组织(200×)

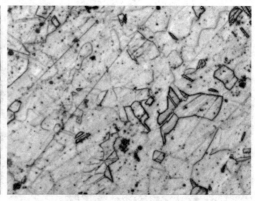

图 1-6-4　变形退火组织(200×)

3) 锰黄铜

为了改善铜合金的性能，在黄铜中加入锰元素，其目的是提高合金强度和对海水的抗蚀性能，但这样会使其韧性有所下降。在其加入锰的同时，再加入铁能明显提高黄铜的再结晶温度和细化晶粒，而合金元素的加入只改变了组织中 α 相和 β′ 相组成的比例。在显微镜下观察锰黄铜组织与铸态黄铜相似，不会出现新相。

4) 铸造青铜

(1) 锡青铜：锡青铜是最常用的青铜材料。由于锡原子在铜中的扩散速度极慢，因此实际生产条件下的锡青铜按不平衡相图进行结晶。

锡青铜中的 Sn 含量少于 6% 时，其铸态组织为树枝晶外形的单相固溶体，如图 1-6-5 所示。这种合金经变形及退火后的组织为具有孪晶的 α 等轴晶粒。

锡青铜中 Sn 的含量大于 6% 时，其铸态组织为 α + (α + δ) 共析体。δ 相是以 $Cu_{31}Sn_8$ 为基体的固溶体，性硬而脆，不能进行变形加工。

(2) 铝青铜：铝青铜是以 Cu-Al 为基体的合金，其 w_{Al} 含量少于 11%，常用的铝青铜的平衡组织有两种：一种是 w_{Al} 含量少于 9.4%，其组织为单一的树枝状 α 相用于压力加工，如图 1-6-6 所示。一种是 w_{Al} 的含量为 9.4%～11.8% 的，其组织为树枝状的 α 固溶体与层片状的 (α + r2) 共析体。

铸态组织与平衡组织区别比较大，只要 w_{Al} 含量大于 7.5% 就可能出现 (α + r2) 共析体。r2 相是以 Cu_2Al_2 为基的化合物，质硬而脆。为了得到 α + β 组织，可以采取急冷的办法避免 β 相的分解，或在合金中加入 Ni-Mn 元素扩大 α 相区，减少 β 相区。

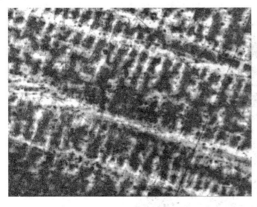

图 1-6-5　QSn10 合金铸态组织(200×)

图 1-6-6　挤压后组织(200×)

3. 轴承合金

(1) 锡基轴承合金：锡基轴承合金是以锡为基础，加入 Sb、Cu 等元素组成的合金，称为巴氏合金，其显微组织由 $\alpha + \beta' + Cu_6Sn_5$ 相组成。如图 1-6-7 所示，软基体 α 呈黑色，其是 Sb 在 Sn 中的固溶体，白色方块为硬质点 β' 相，是以 SnSb 为基的有序固溶体。白色星状或针状物 Cu_6Sn_5 为硬质点，加入铜的目的是为了防止 β' 相上浮从而减少合金的比重偏析，同时提高了合金的耐磨性。

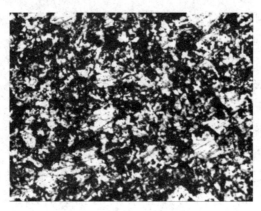

图 1-6-7　锡基轴承合金(200×)

(2) 铅基轴承合金：铅基轴承合金是以 Pb、Sb 为基础，加入 Sn、Cu 等元素组成的合金，其显微组织由 $(\alpha + \beta) + \beta' + Cu_2Sb$ 相组成。如图 1-6-8 所示，其组织中的软基体是 $\alpha + \beta$ 共晶体，呈暗黑色，硬质点 β' 相为化合物 SnSb，呈白色方块。化合物 Cu_2Sb 呈白色针状，也是硬质点。

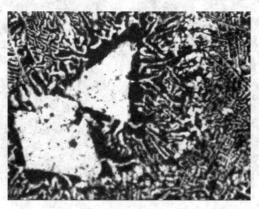

图 1-6-8　铅基轴承合金(200×)

(3) 铜基轴承合金：铜基轴承合金 Cu-Pb 二元系合金，其组织特点为硬基体，软质点。白色树枝状为 α 固溶体，树枝间隙中的灰色相为 Pb。铅点分布越均匀，性能越好。

三、实验要求

1. 仪器与材料

金相显微镜，金相试样若干(铸铝 ZL102、H70、SnPb 等)。

2. 实验内容

(1) 观察并分析有色合金试样的显微组织。

(2) 了解有色合金试样的显微组织的形态特征。

(3) 绘制出组织示意图，并注明材料、状态、放大倍数及组织。

四、思考题

(1) 铸造铝合金共有哪几类？都有哪些相？

(2) 铝合金中铁相有哪几种？它们各有何特征？

(3) 铅青铜作为轴承材料时，希望铅的分布是什么形态？

(4) 铜锌合金的成分、组织是怎样确定的？

实验七 碳钢热处理后的显微组织观察

一、实验目的

(1) 观察碳钢热处理后的显微组织。

(2) 了解热处理工艺对钢组织和性能的影响。

二、实验原理

碳钢经热处理后的组织，可以是平衡或接近平衡状态(如退火、正火)的组织，也可是不平衡组织(如淬火组织)。因此在研究热处理后的组织时，不但要参考铁碳相图，还要利用 C 曲线。铁碳相图能说明慢冷时不同碳含量的铁碳合金的结晶过程和室温下的组织，以及相的相对量。C 曲线则能说明一定成分的铁碳合金在不同冷却条件下的转变过程，以及能得到哪些组织。

1. 钢冷却时的转变

(1) 共析钢过冷奥氏体连续冷却后的显微组织。为了简便起见，用 C 曲线来分析。共析钢在慢冷时(见图 1-7-1 中的 V_1)，将全部得到珠光体。冷速增大到 V_2 时，得到片层更细的珠光体，即索氏体或屈氏体。冷速再增大到 V_3 时，得到屈氏体和部分马氏体。而冷却速

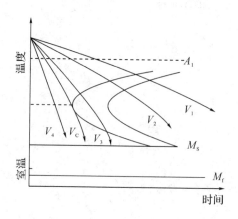

图 1-7-1 连续冷却速度对共析钢组织的影响

度增大到 V_c、V_4 时，奥氏体一下被过冷到马氏体转变始点(M_s)以下，转变成马氏体。由于共析钢的马氏体转变终点在室温以下($-50℃$)，所以在生成马氏体的同时保留有部分残余奥氏体。与 C 曲线鼻尖相切的冷速(V_c)称为淬火的临界冷却速度。

(2) 亚共析钢过冷奥氏体连续冷却后的显微组织。亚共析钢的 C 曲线与共析钢的相比，上部多了一条铁素体析出线。

当奥氏体缓慢冷却时(见图 1-7-1 中的 V_1)，转变产物接近于平衡状态，显微组织是珠光体和铁素体。随着冷却速度的增大，例如由 $V_1 \rightarrow V_2 \rightarrow V_3$ 时，奥氏体的过冷度越大，析出的铁素体越少，而共析组织(珠光体)的量增加，碳含量减少，共析组织变得更细。这时的共析组织实际上为伪共析组织。析出的少量铁素体多分布在晶粒的边界上。因此，由 $V_1 \rightarrow V_2 \rightarrow V_3$ 时，显微组织的变化是：铁素体＋珠光体→铁素体＋索氏体→铁素体＋屈氏体。

当冷却速度为 V_4 时，析出的铁素体极少，最后主要得到屈氏体和马氏体。当冷却速度超过临界冷却速度后奥氏体全部转变为马氏体。在碳含量大于 0.5% 的钢中，马氏体中还有少量残余奥氏体。

(3) 过共析钢过冷奥氏体连续冷却时的转变与亚共析钢相似，不同之处是亚共析钢先析出的是铁素体，而过共析钢先析出的是渗碳体。所以随着冷却速度的增加，钢的组织变化将是：渗碳体＋珠光体→渗碳体＋索氏体→渗碳体＋屈氏体→屈氏体＋马氏体＋残余奥氏体→马氏体＋残余奥氏体。

2. 钢冷却时所得的各种组织的形态

1) 索氏体(S)

索氏体是铁素体与渗碳体的机械混合物。其片层比珠光体更细密，在显微镜的高倍(700× 以上)下才能分辨，如图 1-7-2 所示。

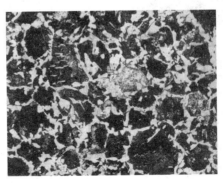

图 1-7-2　45 钢正火组织(索氏体)(200×)

2) 屈氏体(Q)

屈氏体也是铁素体与渗碳体的机械混合物，其片层比索氏体更细密，在一般光学显微镜下无法分辨，只能看到如墨菊状的黑色组织。当其少量析出时，沿晶界分布呈黑色网状包围马氏体。当析出量较多时，呈大块黑色晶团状。只有在电子显微镜下才能分辨其中的片层。

3) 贝氏体(B)

贝氏体是奥氏体在中温范围内形成的产物，也是铁素体与渗碳体的两相混合物，但其金相形态与珠光体类组织不同，且因钢的成分和形成温度的不同而有所差别。其组织形态主要有以下三种：

(1) 上贝氏体。

上贝氏体是由成束平行排列的条状铁素体和条间断续分布的渗碳体所组成的非层状组织。当转变量不多时，在光学显微镜下为成束的铁素体条向奥氏体晶界内伸展，具有羽毛状特征。在电镜下铁素体以几度到十几度的小位向差相互平列，渗碳体沿条的长轴方向排列成行，如图 1-7-3 所示。上贝氏体中铁素体的亚结构是位错。

(2) 下贝氏体。

下贝氏体是在片状铁素体内部沉淀有碳化物的混合物组织。由于下贝氏体易受腐蚀，所以在显微镜下呈黑色针状。在电镜下它以片状铁素体为基体，其中分布着很细的碳化物片，大致与铁素体片的长轴呈 $55°\sim65°$ 的角度，如图 1-7-4 所示。下贝氏体中的铁素体亚结构是位错。

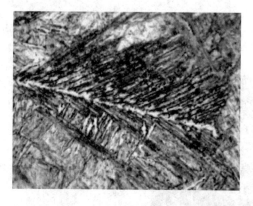

图 1-7-3　上贝氏体组织(500×)

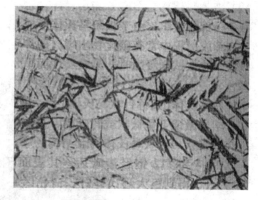

图 1-7-4　T8 钢下贝氏体组织(针状)(500×)

(3) 粒状贝氏体。

粒状贝氏体是最近十几年才被确定的组织。在低、中碳合金钢中，特别是在连续冷却时(如正火、热轧空冷或焊接热影响区)，往往会出现这种组织。在等温冷却时也可能形成。它的形成温度范围大致在上贝氏体相变温度区的上部。如图 1-7-5 所示，粒状贝氏体的金相特征是较粗大的铁素体块内存在一些孤立的小岛，形态多样，呈粒状或条状，很不规则。在低倍观察时，其形态类似于魏氏组织，但其取向不如魏氏组织明显。铁素体包围的小岛，原先是富碳的奥氏体区，其随后的转变可以有三种情况：A. 分解为铁素体和碳化物，在电镜下可见到比较密集的多向分布的粒状、杆状或小块状碳化物；B. 发生马氏体转变；C. 仍然保持为富碳的奥氏体。

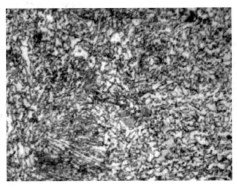

图 1-7-5　粒状贝氏体(500×)

4) 马氏体(M)

马氏体是碳在 α 铁中的过饱和固溶体，其组织形态是多种多样的，归纳起来可分为两大类，即板条状马氏体和片状马氏体，具体如下：

(1) 板条状马氏体。

在光学显微镜下，板条状马氏体的形态呈现为一束束相互平行的细长条状马氏体群，在一个奥氏体晶粒内可有几束不同取向的马氏体群。每束马氏体群内的条与条之间以小角度晶界分开，而束与束之间具有较大的位向差。板条状马氏体的立体形态为细长的板条状，其横截面呈近似椭圆形。由于条状马氏体形成温度较高，在形成过程中常有碳化物析出，即产生自回火现象，故在金相试验时易被腐蚀呈现较深的颜色。在电子显微镜下，马氏体群由许多平行的板条所组成。经透射电镜观察发现，板条状马氏体的亚结构是高密度的位错。含碳低的奥氏体形成的马氏体呈板条状，故板条状马氏体又称低碳马氏体，因形成温度高，又称高温马氏体。因亚结构为位错，又称位错马氏体，如图 1-7-6 所示。

(2) 片状马氏体。

在光学显微镜下，片状马氏体呈针状或竹叶状，片间有一定角度，其立体形态为双凸透镜状。因形成温度较低，没有自回火现象，故组织难以腐蚀，所以颜色较浅，在显微镜下呈白亮色。用透射电镜观察，其亚结构为孪晶。含碳高的奥氏体形成的马氏体呈片状，故称为片状马氏体，又称高碳马氏体；根据形成温度和亚结构特点，又称低温马氏体，或孪晶马氏体。如图 1-7-7 所示。

图 1-7-6 45 钢 860℃淬火(板条马氏体)　　　图 1-7-7 T12 钢 1000℃淬火

(片状马氏体＋残余奥氏体)

马氏体的粗细取决于淬火加热温度，即取决于奥氏体晶粒的大小。如高碳钢在正常淬火温度下加热，淬火后得到细针状马氏体，在光学显微镜下呈布纹状，仅能隐约见到针状，故又称为隐晶马氏体。如淬火温度较高，奥氏体晶粒粗大，则得到粗大针状马氏体。

5) 残余奥氏体(Ar)

当奥氏体中碳含量大于 0.5%时，淬火时总有一定量的奥氏体不能转变成为马氏体，而保留到室温，这部分奥氏体就叫做残余奥氏体。其不易受硝酸酒精溶液的浸蚀，在显微镜下呈白亮色，分布在马氏体之间，且无固定形态，在淬火后未经回火时，残余奥氏体与马氏体很难区分，都呈白亮色。只有马氏体回火后才能分辨出马氏体间的残余奥氏体。

3. 钢淬火回火后的组织

钢经淬火后所得到的马氏体和残余奥氏体均为不稳定的组织，它们具有向稳定的铁素体和渗碳体两相混合组织转变的倾向。在室温下，由于原子活动能力较弱，转变难以进行，但加热(回火)可提高原子的活动能力，有可能促进这个转变过程。淬火钢经不同温度回火后，所得的组织通常分为三种：

(1) 回火马氏体。

淬火钢在 150℃～250℃之间进行低温回火时，马氏体内的过饱和碳原子脱溶，沉淀析出与母相保持共格关系的 ε 碳化物，这种组织称为回火马氏体。与此同时，残余奥氏体也开始转变为回火马氏体。在显微镜下回火马氏体仍保持针(片)状形态。由于回火马氏体易受浸蚀，所以为暗色针状组织。回火马氏体具有高的强度和硬度，且韧性和塑性较淬火马氏体有明显改善。

(2) 回火屈氏体。

淬火钢在 350℃～500℃进行中温回火，所得的组织是铁素体与粒状渗碳体组成的极细密混合物，称为回火屈氏体。其组织特征是铁素体基本上保持原来针(片)状马氏体的形态，而在基体上分布着极细颗粒的渗碳体，在光学显微镜下分辨不清，呈黑点，但在电子显微镜下可观察到渗碳体颗粒。回火屈氏体有较好的强度，弹性和韧性也较好。

(3) 回火索氏体。

淬火钢在 500℃～650℃高温回火时所得到的组织为回火索氏体。它是由粒状渗碳体和等轴形铁素体组成的混合物。在光学显微镜下可观察到渗碳体小颗粒，它均匀分布在铁素体中，此时铁素体经再结晶已消失针状特征，呈等轴细晶粒。回火索氏体组织具有强度、韧性和塑性较好的综合机械性能。

三、实验要求

(1) 观察表 1-7-1 所列样品的显微组织。

(2) 描绘所观察样品的组织示意图，并注明材料、处理工艺、放大倍数、组织名称、腐蚀剂等。

表 1-7-1　实验用材料、热处理工艺和显微组织

序号	材料	热处理工艺	腐蚀剂	显微组织
1	45 钢	860℃空冷	4%硝酸酒精	索氏体＋铁素体
2	45 钢	860℃油冷	4%硝酸酒精	马氏体＋屈氏体
3	45 钢	860℃水冷	4%硝酸酒精	板条马氏体
4	45 钢	860℃水冷 600℃回火	4%硝酸酒精	回火索氏体
5	45 钢	750℃空冷	4%硝酸酒精	马氏体＋铁素体
6	T12	780℃水冷 200℃回火	4%硝酸酒精	回火马氏体＋二次渗碳体＋残余奥氏体
7	T12	760℃球化退火	4%硝酸酒精	粒状珠光体＋粒状碳化物
8	T12	1100℃水冷 200℃回火	4%硝酸酒精	粗大针状回火马氏体＋残余奥氏体

四、思考题

(1) 45 钢淬火后硬度不足，如何用金相分析来断定是淬火加热温度不足还是冷却速度不够？

(2) 45 钢调质处理得到的组织和 T12 球化退火得到的组织在本质、形态、性能和用途上有何差异？

(3) 指出下列工件的淬火及回火温度，并说明回火后所获得的组织：

① 45 钢的小轴。

② 60 钢的弹簧。

③ T12 钢的锉刀。

第二章　检测分析技术

- 扫描电镜(SEM)及能谱分析

- X 射线衍射(XRD)测定与分析

- 材料的热性能测定与分析

- 粉末的粒度与粒径测定

- 材料的润湿性测定与分析

- 红外光谱测定与分析

- 钢的淬透性测定

- 钢铁的火花鉴别

- 钢的晶粒度测定

实验一　扫描电镜(SEM)及能谱分析

一、实验目的

(1) 了解扫描电镜的基本结构和原理。

(2) 掌握扫描电镜的操作方法。

(3) 掌握扫描电镜样品的制备方法。

(4) 选用合适的样品，通过对表面形貌衬度和原子序数衬度的观察，了解扫描电镜图像衬底原理及其应用。

二、实验原理

扫描电镜是对样品表面形态进行测试的一种大型仪器，如图 2-1-1 所示。当具有一定能量的入射电子束轰击样品表面时，电子与元素的原子核及外层电子发生单次或多次弹性与非弹性碰撞，一些电子被反射出样品表面，而其余的电子则渗入样品中，逐渐失去其动能，最后停止运动，并被样品吸收。在此过程中有 99%以上的入射电子能量转变成样品热能，而其余约 1%的入射电子能量从样品中激发出各种信号。如图 2-1-2 所示，这些信号主要包括二次电子、背散射电子、吸收电子、透射电子、俄歇电子、电子电动势、阴极荧光、X 射线等。扫描电镜设备就是通过这些信号得到讯息，从而对样品进行分析的。

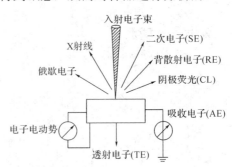

图 2-1-1　FEI Quanta FEG 250 场发射扫描电镜　　图 2-1-2　入射电子束轰击样品产生的信息示意图

1. 扫描电镜成像原理

从电子枪阴极发出的电子束，经聚光镜及物镜会聚成极细的电子束($0.00025\sim25\ \mu m$)，在扫描线圈的作用下，电子束在样品表面进行扫描，激发出二次电子和背散射电子等信号，被二次电子检测器或背散射电子检测器接收处理后在显像管上形成衬度图像。二次电子像和背散射电子像反映样品表面微观形貌特征。而利用特征 X 射线则可以分析样品微区化学成分。

扫描电镜成像原理与闭路电视非常相似，即显像管上图像的形成是靠信息的传送完成的。如图 2-1-3 所示，电子束在样品表面逐点逐行扫描，依次记录每个点的二次电子、背散射电子或 X 射线等信号强度，经放大后调制显像管上对应位置的光点亮度，扫描发生器所产生的同一信号又被用于驱动显像管电子束实现同步扫描，样品表面与显像管上图像保持逐点逐行一一对应的几何关系。因此，扫描电子图像所包含的信息能很好地反映样品的表面形貌。

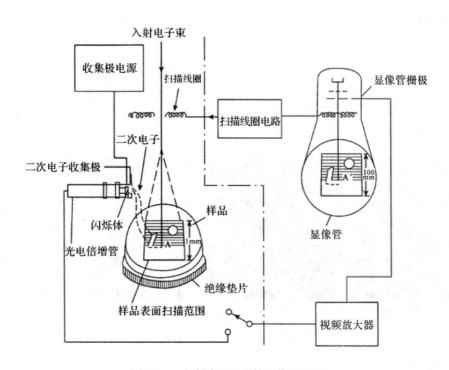

图 2-1-3　扫描电子显微镜成像原理图

2. X 射线能谱(EDS)分析原理

X 射线能谱定性分析的理论基础是 Moseley 定律，即各元素的特征 X 射线频率 ν 的平方根与原子序数 Z 成线性关系。同种元素，不论其所处的物理状态或化学状态如何，所发射的特征 X 射线均应具有相同的能量。X 射线能谱定性分析是以测量特征 X 射线的强度作为分析基础的，可分为有标样定量分析和无标样定量分析两种。在有标样定量分析中，样品内各元素的实测 X 射线强度与成分已知的标样的同名谱线强度相比较，经过背景校正和基体校正，便能算出它们的绝对含量。在无标样定量分析中将样品内各元素同名或不同名 X 射线的实测强度相互比较，经过背景校正和基体校正，便能算出它们的相对含量。如果样品中各个元素均在仪器的检测范围之内，不含羟基、结晶水等检测不到的元素，则它们的相对含量经归一化后，就能得出绝对含量。

3. 扫描电镜的应用

(1) 材料的组织形貌观察。

材料剖面的特征、零件内部的结构及损伤的形貌，都可以借助扫描电镜来判断和分析。使用反射式的光学显微镜直接观察大块试样很方便，但其分辨率、放大倍数和景深都比较低。而扫描电镜的样品制备简单，可以实现试样从低倍到高倍的定位分析，在样品室中的试样不仅可以沿三维空间移动，还能够根据观察需要进行空间转动，以利于使用者对感兴趣的部位进行连续、系统的观察分析。由于扫描电子显微图像真实、清晰，并富有立体感，因而扫描电镜在金属断口和显微组织三维形态的观察研究方面获得了广泛的应用。不同材料的扫描电镜图片如图 2-1-4 所示。

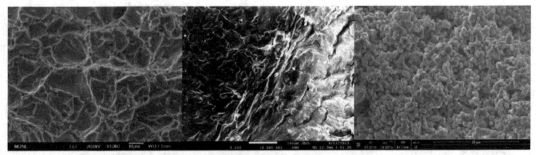

（a）聚己内酯形貌　　　（b）裂典型特征——韧窝　　　（c）二氧化硅形貌

图 2-1-4　不同材料的扫描电镜图片

(2) 层表面形貌分析和深度检测。

有时为利于机械加工，会在工序之间也进行镀膜处理。由于镀膜的表面形貌和深度对使用性能具有重要影响，所以常常被作为研究的技术指标。镀膜的深度很薄，由于光学显微镜放大倍数的局限性，因此使用金相方法检测镀膜的深度和镀层与母材的结合情况比较困难，而扫描电镜却可以很容易完成。使用扫描电镜观察分析镀层表面形貌是方便、易行的最有效的方法，样品无需处理，只需直接放入样品室内即可放大观察。

(3) 微区化学成分分析。

在样品的处理过程中，有时需要提供包括形貌、成分、晶体结构或位向在内的丰富资料，以便能够更全面、客观地进行判断分析。为此，相继出现了扫描电子显微镜—电子探针多种分析功能的组合型仪器。扫描电子显微镜如果配有 X 射线能谱(EDS)和 X 射线波谱成分分析等电子探针附件，则可分析样品微区的化学成分等信息材料。一般而言，常用的 X 射线能谱仪能检测到的成分含量下限为 0.1%(即质量分数)，其可以应用在判定合金中析出相或固溶体的组成、测定金属及合金中各种元素的偏析、研究电镀等工艺过程形成的异种金属的结合状态、研究摩擦和磨损过程中的金属转移现象以及失效件表面的析出物或腐蚀产物的鉴别等方面。

(4) 显微组织及超微尺寸材料的研究。

钢铁材料中诸如回火托氏体、下贝氏体等显微组织非常细密，用光学显微镜难以观察其组织的细节和特征。在进行材料工艺试验时，如果出现这类组织，可以将制备好的金相试样深腐蚀后，在扫描电镜中鉴别。下贝氏体与高碳马氏体组织在光学显微镜下的形态均呈针状，且前者的性能优于后者。但由于光学显微镜的分辨率较低，无法显示其组织细节，故不能区分。电子显微镜却可以通过对针状组织细节的观察实现对这种相似组织的鉴别。在电子显微镜下(SEM)，可清楚地观察到针叶下贝氏体是由铁素体和其内呈方向分布的碳化物组成的。

三、实验要求

1. 实验仪器

Quanta-250FEG 场发射扫描电镜

2. 样品

高分子、金属、无机非金属

3. 扫描电子显微镜的操作及样品观察

(1) 真空系统部分操作方法：

① 打开电源，扩散泵冷却水，开启机械泵、开启压缩机、开启变压器及电源总开关。

② 打开真空电源，真空系统会对样品室和镜筒进行抽高真空处理。

③ 四个最主要的操作步骤：灯丝的对中；灯丝饱和点的调节；物镜光阑的对中；消像散。

(2) 放置、调换样品操作。

对于不导电的样品，要先进行喷金处理，一般喷金 20 s 即可，之后将样品用导电胶粘贴到样品台上。

(3) 样品放入电镜样品室。

(4) 图像获得操作步骤：

① 根据试样性质，选择加速电压。

② 平移、倾转样品台，先低倍率，后高倍率观察。

③ 通过改变物镜电流，改变物镜焦距。

(5) 关机操作步骤。

4. 实验报告要求

观察样品的形貌特征，对图像信息进行采集(不同倍数)，并说明该特征的形成机理。

四、思考题

(1) 原子序数衬度和形貌衬度主要由哪些信号产生？

(2) 通过断口形貌观察可以研究材料的哪些性质？

(3) 形貌观察镀膜是否会产生假像？

实验二　X射线衍射(XRD)测定与分析

一、 实验目的

(1) 了解 X 射线衍射的基本原理以及测试目的。

(2) 掌握晶体和非晶体、单晶和多晶的区别。

(3) 了解使用相关软件处理 XRD 测试结果的基本方法。

二、实验原理

1. 实验仪器

组成：见图 2-2-1 主要由 X 射线发生器、测角仪、计数器、辐射探测器、记录单元及附件(高温、低温、织构测定，应力测量，试样旋转等)等部分组成。核心部件为测角仪，其结构原理图如图 2-2-2 所示。

图 2-2-1　D8 Advance 型 X 射线衍射仪

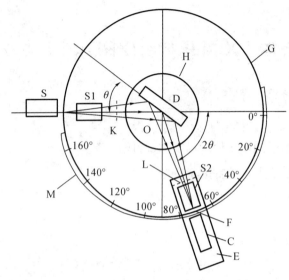

C—计数管；S1、S2—梭拉缝；D—样品；E—支架；K、L—狭缝光栏；

F—接受光栏；G—测角仪圆；H—样品台；S—射线源；M—刻度盘

图 2-2-2　测角仪结构原理图

1) 测角仪

X 射线源 S 是由 X 射线管靶面上的线状焦斑产生的线状光源。如图 2-2-3 所示，线状光源首先通过梭拉缝 S1，使得高度方向上的发散受到限制。随后通过狭缝光栏 K，使入射 X 射线在宽度方向上的发散也受到限制。经过 S1 和 K 后，X 射线将以一定的高度和宽度照射在样品表面，样品中满足布拉格衍射条件的某组晶面将发生衍射。衍射线通过狭缝光栏 L、梭拉缝 S2 和接受光栏 F 后，以线性进入计数管 C，记录 X 射线的光子数，获得晶面衍射的相对强度。计数管与样品同时转动，且计数管的转动角速度为样品的两倍，这

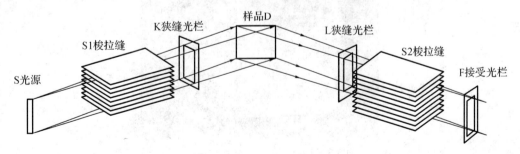

图 2-2-3　测角仪的光路图

样可以保证入射线与衍射线始终保持 2θ 夹角，从而使计数管收集到的衍射线是那些与样品表面平行的晶面所产生的。θ 角从低到高，计数管从低到高逐一记录各衍射线的光子数，转化为电信号，记录下 X 射线的相对强度，从而形成 $I_{相对}-2\theta$ 的关系曲线，即 X 射线衍射花样。

2) X 射线发生器

X 射线管实际上就是一只在高压下工作的真空二极管，如图 2-2-4 所示。它有两个电极：一个是用于发射电子的灯丝，作为阴极。另一个是用于接受电子轰击的靶材，作为阳极。它们被密封在高真空的玻璃或陶瓷外壳内。X 射线管的供电部分至少包含一个使灯丝加热的低压电源和一个给两极施加高电压的高压发生器。当钨丝通过足够的电流使其发生电子云，且有足够的电压(千伏等级)加在阳极和阴极间，使得电子云被拉往阳极时，电子以高能高速的状态撞击钨靶。高速电子到达靶面，运动突然受到阻止，其动能的一小部分便转化为辐射能，以 X 射线的形式放出，产生的 X 射线通过铍窗口射出。

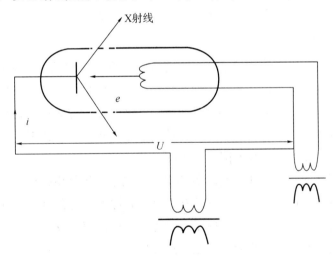

图 2-2-4　X 射线产生装置

改变灯丝电流的大小，可以改变灯丝的温度和电子的发射量，从而改变管电流和 X 射线强度的大小。改变 X 光管激发电位或选用不同的靶材，可以改变入射 X 射线的能量或在不同能量处的强度。

3) 计数器

计数器由计数管及其附属电路组成，如图 2-2-5 所示。其基本原理：入射 X 射线进入金属圆筒内，经惰性气体电离而产生电子，电子在电场作用下向阳极加速运动，高速运动的电子又使气体电离，连锁反应即出现雪崩现象，之后出现一个可测电流，经电路转换后有一个电压脉冲输出。电压脉冲峰值与 X 光子的强度成正比，从而反映衍射线的相对强度。

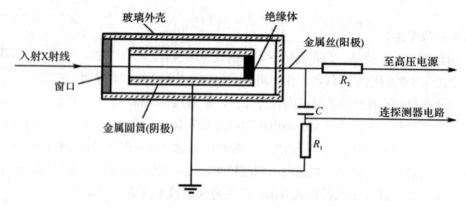

图 2-2-5   正比计数管的结构及其基本电路

2. 物相分析基本原理

晶体结构可以用三维点阵来表示。每个点阵点代表晶体中的一个基本单元，如离子、原子或分子等。空间点阵可以从各个方向进行划分，从而形成许多组平行的平面点阵。因此，晶体可以看成是由一系列具有相同晶面指数的平面按一定的距离分布而形成的。各种晶体具有不同的基本单元、晶胞大小、对称性。因此，每一种晶体都必然存在着一系列特定的晶面间距值，可以用于表征不同的晶体。

X 射线入射晶体时，作用于束缚较紧的电子，电子发生晶格振动，向空间辐射与入射波频率相同的电磁波(即散射波)，该电子成了新的辐射源。所有电子的散射波均可看成是由原子中心发出的，这样每个电子就成了发射源，它们向空间发射与入射波频率相同的散射波。由于这些散射波的频率相同，在空间将发生干涉，在某些固定方向得到增强或者减弱甚至消失，产生衍射现象，形成了波的干涉图案，即衍射花样。

衍射 X 射线满足布拉格方程：

$$2d\sin\theta = n\lambda$$

式中：λ 是 X 射线的波长；θ 是衍射角；d 是晶面间距；n 是整数。实验中通过已知波长的 X 射线来测量样品的衍射角。根据已知的 X 射线波长 λ 和测量出的衍射角 θ，通过布拉格方程计算出晶面间距 d，如图 2-2-6 所示。

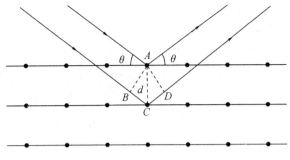

图 2-2-6　X 射线的布拉格衍射示意图

X 射线衍射花样反映了晶体中的晶胞大小、点阵类型、原子种类、原子数目和原子排列等规律。由于每种物相均有自己特定的结构参数，因而表现出不同的衍射特征，这些衍射特征包括衍射线的数目、峰位和强度。即使该物相存在于混合物中，也不会改变其衍射花样。尽管物相种类繁多，却没有两种衍射花样特征完全相同的物相，这类似于人的指纹，没有两个人的指纹完全相同。因此，将被测物质的 X 射线衍射谱线对应的 d 值及计数器测出的 X 射线相对强度 $I_{相对}$ 与已知物相特有的 X 射线衍射 d 值及 $I_{相对}$ 进行对比，就能确定被测物质的物相组成。物相定性分析所使用的已知物相的衍射数据(d 值以及 $I_{相对}$ 值等)，均已编辑成卡片出版，即 PDF 卡片。如果 d 和 $I_{相对}$ 可以很好地对应，则可以认为卡片所代表的物相为待测的物相。

三、数据处理

物相检索也就是"物相定性分析"。它的基本原理基于以下三条原则：

(1) 任何一种物相都有其特征衍射谱；

(2) 任何两种物相的衍射谱不可能完全相同；

(3) 多相样品的衍射峰是各物相的机械叠加。

因此，通过实验测量或理论计算，建立一个"已知物相的卡片库"，将所测样品的图谱与 PDF 卡片库中的"标准卡片"一一对照，就能检索出样品中的全部物相。

物相检索的步骤包括：

(1) 给出检索条件：包括检索子库(有机还是无机、矿物还是金属等)、样品中可能存在的元素等；

(2) 计算机按照给定的检索条件进行检索，将最可能存在的前 100 种物相列出一个表；

(3) 从列表中检定出一定存在的物相。

一般来说，判断一个相是否存在有三个条件：

(1) 标准卡片中的峰位与测量峰的峰位是否匹配，换句话说，一般情况下标准卡片中出现的峰的位置，样品谱中必须有相应的峰与之对应，即使三条强线对应得非常好，但如果有另一条较强线位置明显没有出现衍射峰，也不能确定存在该相。但是，当样品存在明显的择优取向时并不能下此结论，此时需要另外考虑择优取向问题。

(2) 标准卡片的峰强比与样品峰的峰强比要大致相同，但一般情况下，对于金属块状样品，由于择优取向存在，导致峰强比不一致，因此，峰强比仅作参考。

(3) 检索出来的物相包含的元素在样品中必须存在，如果检索出一个 FeO 相，但样品中根本不可能存在 Fe 元素，则即使其它条件完全吻合，也不能确定样品中存在该相，此时可考虑样品中是否存在与 FeO 晶体结构大体相同的某相。当然，如果不能确定样品会不会受 Fe 污染，就得去做元素分析。

具体步骤如下：

(1) 打开 Jade 5.0 软件，首先建立 PDF 卡片索引，打开测量图谱，如图 2-2-7 所示。

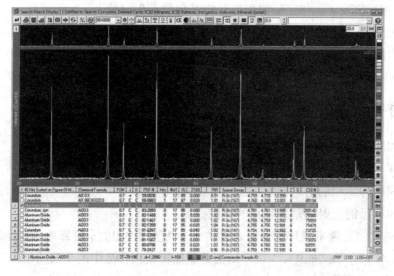

图 2-2-7　打开处理图谱

图 2-2-7 显示了化学式、FOM 值、PDF-#、RIR 等指标。当用鼠标点击一个矿物时，在 X 衍射图谱显示栏会显示蓝色的线，选择与 X 衍射图谱拟合最好的矿物，然后在矿物名称前面勾选。

(2) 扣背底，在元素周期表中选择可能的化学元素，如图 2-2-8 所示。

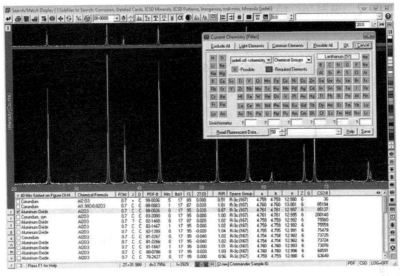

图 2-2-8　选择元素

在 Search\Match 窗口中，拖动可以进行全选，鼠标左键改变颜色，选中后，先全部变为红色，再改变所选元素的颜色，限定元素种类：红色表示排除，绿色表示包括，灰色表示可能，通常做法是把可能的元素变成灰色。一般选用化学成分逼近法。

(3) 在检索结果列表中，根据谱线角度匹配情况，选择最匹配的 PDF 卡片作为物相鉴定结果，如图 2-2-9 所示。

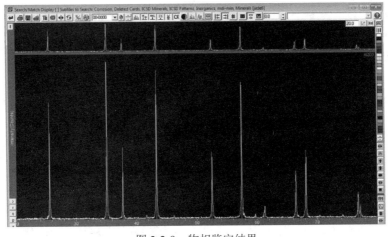

图 2-2-9　物相鉴定结果

(4) 用 OriginPro 软件拟合实验时得到的 txt 数据，得到图形后，在每一个峰上标出其所对应的晶面指数，见图 2-2-10。

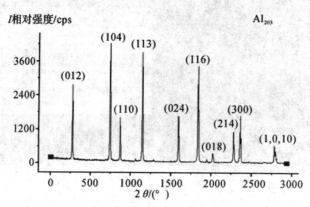

图 2-2-10　利用 OriginPro 对 $Al_{2}O_{3}$ 进行物相分析

四、实验要求

(1) 试样制备。

① 粉末样品：把粉末在玻璃试样架槽中制成试样，并且用玻璃片将粉末压实。原则是少量多次，且要压出一个平面。

② 块体样品：把样品的一端用金相砂纸磨平，并清洗干净。

(2) 实验参数：扫描角度范围为 20°～80°；扫描速度为 0.1 s/step，电压为 40 kV，电流为 40 mA。

(3) 用 Jade 软件分析和处理数据，用 OriginPro 得到图像。

(4) 将标定好的曲线打印，并粘贴到实验报告中。

注意事项：将制好的试样水平放置在衍射仪中。在衍射仪工作过程中，会有大量的 X 射线放出，对人体造成伤害，所以一定要关上衍射仪的铅玻璃门。

五、思考题

(1) 说明物相鉴定的依据。多相样品的物相定性分析存在哪些困难？

(2) 分析组织结构对 X 射线衍射特征峰的影响。

实验三 材料的热性能测定与分析

一、实验目的

(1) 理解和掌握热重法(TG)的基本原理和操作。

(2) 了解差示扫描量热法(DSC)的工作原理及其在聚合物研究中的应用。

(3) 初步学会使用 TG 与 DSC 测定高聚物的热性能。

二、实验原理

1. 热重分析法原理

热重分析法(Thermo-Gravimetric Analysis，TGA)是在程序控温下，测量物质的质量与温度关系的一种技术。现代热重分析仪一般由 4 部分组成，分别是电子天平、加热炉、程序控温系统和数据处理系统(微计算机)。通常，TGA 谱图是由试样的质量残余率 $Y(\%)$ 对温度 T 的曲线(称为热重曲线，TG)和/或试样的质量残余率 $Y(\%)$ 随时间的变化率 dY/dt (%/min)对温度 T 的曲线(称为微商热重法，DTG)组成的，见图 2-3-1。

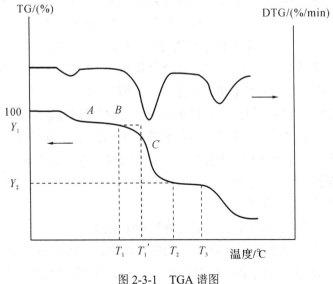

图 2-3-1 TGA 谱图

开始时，由于试样残余小分子物质的热解吸，试样有少量的质量损失，损失率为$(100 - Y_1)$%；经过一段时间的加热后，温度升至T_1，试样开始出现大量的质量损失，直至T_2，损失率达$(Y_1 - Y_2)$%；在T_2到T_3阶段，试样存在着其他的稳定相；然后，随着温度的继续升高，试样再进一步分解。图 2-3-1 中，T_1称为分解温度，有时取 C 点的切线与 AB 延长线相交处的温度T_1'作为分解温度，后者数值偏高。

TGA 在高分子科学中有着广泛的应用。例如，高分子材料热稳定性的评定，共聚物和共混物的分析，材料中添加剂和挥发物的分析，水分(含湿量)的测定，材料氧化诱导期的测定，固化过程分析以及使用寿命的预测等。

正如其他分析方法一样，热重分析法的实验结果也受到一些因素的影响，加之温度的动态特性和天平的平衡特性，使影响 TG 曲线的因素更加复杂，但基本上可以分为两类：

(1) 仪器因素：升温速率、气氛、支架、炉子的几何形状、电子天平的灵敏度以及坩埚材料。

(2) 样品因素：样品量、反应放出的气体在样品中的溶解性、粒度、反应热、样品装填、导热性等。

2. 差热分析法原理

差示扫描量热法(Differential Scanning Calorimetry，DSC)是在程序温度控制下，测量试样与参比物之间在单位时间内能量差(或功率差)随温度变化的一种技术。它是在差热分析(Differential Thermal Analysis，DTA)的基础上发展而来的一种热分析技术。DSC 在定量分析方面比 DTA 要好，能直接从 DSC 曲线上峰形面积得到试样的放热量和吸热量。

差示扫描量热仪可分为功率补偿型和热流型两种，两者的最大差别在于结构设计原理上的不同。一般试验条件下，都选用的是功率补偿型差示扫描量热仪。仪器有两只相对独立的测量池，其加热炉中分别装有测试样品和参比物，这两个加热炉具有相同的热容及导热参数，并按相同的温度程序扫描。参比物在所选定的扫描温度范围内不具有任何热效应。因此在测试的过程中记录的热效应就是由样品的变化引起的。当样品发生放热或吸热变化时，系统将自动调整两个加热炉的加热功率，以补偿样品所发生的热量改变，使样品和参比物的温度始终保持相同，使系统始终处于"热零位"状态，这就是功率补偿 DSC 仪的工作原理，即"热零位平衡"原理。

随着高分子科学的快速发展，高分子已成为 DSC 最主要的应用领域之一。当物质发生物理状态的变化(结晶、溶解等)或起化学反应(固化、聚合等)时，同时会有热学性能(热焓、比热等)的变化，采用 DSC 测定热学性能的变化，就可以研究物质的物理或化学变化过程。

在聚合物研究领域，DSC 技术的应用非常广泛，主要有：

(1) 研究相转变过程，测定结晶温度 T_c、熔点 T_m、结晶度 X_c 及等温、非等温结晶动力学参数；

(2) 测定玻璃化温度 T_g；

(3) 研究固化、交联、氧化、分解、聚合等过程，测定相对应的温度热效应、动力学参数。例如研究玻璃化转变过程、结晶过程(包括等温结晶和非等温结晶过程)、熔融过程、共混体系的相容性、固化反应过程等。对于高分子材料的熔融与玻璃化测试，在以相同的升降温速率进行了第一次升温与冷却实验后，再以相同的升温速率进行第二次测试，往往有助于消除历史效应(即冷却历史、应力历史、形态历史)对曲线的干扰，并有助于不同样品间的比较(使其拥有相同的热机械历史)。

三、实验仪器及操作

1. TG 仪器

德国 NETZSCHSTA449C 型热重分析仪的外形及透视图分别如图 2-3-2 和图 2-3-3 所示。该仪器的称量范围为 500 mg；精度为 1 μg；温度范围为 20℃～1650℃；加热速率为 0.1～80 K/min；样品气氛可为真空 10 Pa 或惰性气体和反应气体(无毒、非易燃)。

图 2-3-2　STA 449C 型热重分析仪

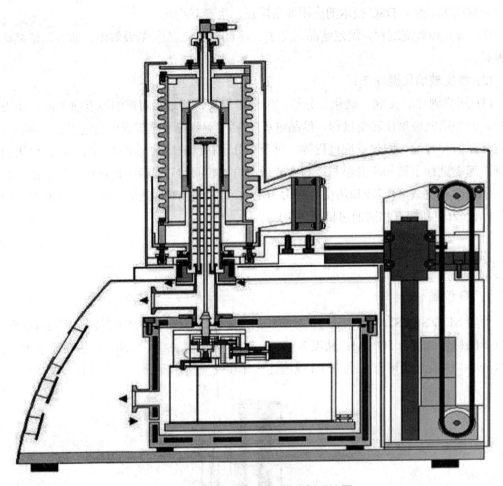

图 2-3-3　STA 449C 型热重分析透视图

该设备的操作步骤如下：

(1) 提前 1h 检查恒温水浴的水位，保持液面低于顶面 2 cm。打开面板上的上下两个电源，启动运行，并检查设定的工作模式，设定的温度值应比环境温度约高 3℃。

(2) 按顺序依次打开显示器、电脑主机、仪器测量单元、控制器以及测量单元上电子天平的电源开关。

(3) 确定实验用的气体(一般为 N_2)，调节输出压力(0.05～0.1 MPa)，在测量单元上手动测试气路的通畅，并调节好相应的流量。

(4) 从电脑桌面上打开 STA 449C 测量软件。打开炉盖，确认炉体中央的支架不会碰壁时，按面板上的"UP"键，将其升起，放入选好的空坩埚，确认空坩埚在炉体中央支架上的中心位置后，按面板上的"DOWN"键，将其降下，并盖好炉盖。

(5) 新建基线文件：打开一个空白文件，选择"修正"，打开温度校正文件，编程(输入起始温度、终止温度和升温速率)，并运行。

(6) TG 曲线的测量：待上一程序正常结束并冷却至 80℃以下时，打开炉子，取出坩埚(同样要注意支架的中心位置)。放入约 5 mg 样品，并称重(仪器自动给出)。然后打开基线文件，选择基线加样品的测量模式，编程并运行。

(7) 数据处理：程序正常结束后会自动存储，可打开分析软件包对结果进行数据处理，处理完后可保存为另一种类型的文件。

(8) 待温度降至 80℃以下时打开炉盖，拿出坩埚。

(9) 按顺序依次关闭软件和退出操作系统，关闭电脑主机和测量单元电源。

(10) 关闭恒温水浴面板上的运行开关和上下两个电源开关，并及时清理坩埚和实验室台面。

2. DSC 仪器

1) 仪器参数

仪器名称：差示扫描量热仪；

仪器型号：DSC Q100；

生产厂商：美国 TA 公司；

温度范围：$-70℃\sim500℃$；

量热动态范围：$+/-500$ mW；

量热精度(金属标样)：$\pm0.05℃$；

灵敏度：$0.2\ \mu W$；

相对解析度：2.1；

电子天平(精度：0.001 g)，α-Al_2O_3，及环氧树脂和铟。

2) 该设备的操作步骤

(1) 开启电脑，预热 10 min，打开氮气阀门，调节氮气流量。

(2) 仪器校正。

(3) 设定实验参数。

(4) 将试片称重，放在铝坩埚中。

(5) 另外取一个装 α-Al_2O_3 的压成碟型的空样品盘，作为标准物。

(6) 将待测物和标准物放入 DSC 中，盖上盖子和玻璃罩，开始加热，并用计算机绘制图形。

(7) 在结束加热后，打开玻璃罩跟盖子，将冷却附件盖上去，待其大约冷却至室温后，再移开冷却附件，进行下一组实验。

(8) 正常关机顺序依次为：关闭软件、退出操作系统，关电脑主机、显示器、仪器控制器、测量单元、机械冷却单元。

(9) 关闭使用氮气瓶的高压总阀，低压阀可不必关。

注意：如发现传感器表面或炉内侧脏时，可先在室温下用洗耳球吹扫，然后用棉花蘸酒精清洗，不可用硬物触及。

四、实验要求

(1) 试样：聚乙烯或非晶合金，样品质量控制在 30 mg 以内。

(2) 分别进行 TG 和 DSC 测试，并获得相应的曲线。

(3) 打印 TG 与 DSC 谱图，求出试样的分解温度或者玻璃化转变温度。

五、思考题

(1) TG 实验结果的影响因素有哪些？

(2) 讨论 TG 与 DSC 在高分子学科的主要应用有哪些？

(3) 对于高分子材料的玻璃化测试，为什么要进行第二次升温？

(4) 讨论影响 DSC 实验结果的因素有哪些。

实验四　粉末的粒度与粒径测定

一、实验目的

(1) 了解固体粉末大小及其分布的基本概念。

(2) 了解测量固体粉末粒度的常用方法。

(3) 掌握粒度仪测量固体粉末粒度及其分布的方法。

二、实验原理

微粉材料的颗粒度为在某一定量的粉料或液体中，各种尺寸的颗粒所占的比例大小。它表示颗粒大小的分布状况，用粒径分布曲线、粒径百分数来表示。测定粉体材料的细度及颗粒度的方法有多种，例如筛析法、沉降法、显微镜法和光透视法。

(1) 筛析法。

筛析法是目前生产和科研中经常采用的一种方法，该方法所采用的设备比较简单，价格便宜，使用操作较为方便，其分级筛按照(ISO)国际标准进行分布排列，采用筛析法包括干法和湿法两种方法。

(2) 显微镜法。

显微镜法所采用的方法是将一定数量的粉体材料(已干燥)在显微镜下直接观察，根据显微镜所标定的尺寸、放大倍数，推导出颗粒的平均尺寸大小和形态。

(3) 沉降法。

沉降法是根据不同粒径的颗粒在液体中沉降速度的不同来测量粒度分布的一种方法。采用沉降法(或者以沉降法为基本原理的其他方法)都必须在滞流条件下才能应用斯托克斯理论确定粉料的斯托克斯粒径。

(4) 光透视法。

本试验采用的是光透视法，光透视法也是以斯托克斯理论为基础，测量颗粒在离心沉降过程中悬浮液的浊度。光透视法和沉降法的基本过程是把样品放到某种液体中制成一定浓度的悬浮液，悬浮液中的颗粒在离心力或重力作用下将发生沉降。大颗粒的沉降速度较快，小颗粒的沉降速度较慢，沉降速度与粒径的关系由斯托克斯定律来描述，如公式(2-4-1)所示。

$$V = \frac{(d_1 - d_2)gX^2}{18\eta}$$

(2-4-1)

式中：V——颗粒沉降速度；

X——球体颗粒直径；

d_1——粉体材料的密度；

d_2——液体介质的密度；

g——重力加速度；

η——液体介质的黏度。

三、实验仪器及操作

1. 实验仪器

本实验采用 WQL-粒度仪(含计算机)，如图 2-4-1 所示。

图 2-4-1　WQL-粒度仪

WQL-粒度仪(含计算机)配套仪器组件：

(1) 粒度仪。

(2) 计算机。

(3) 打印机。

(4) 交流稳压器。

(5) 超声波清洗器。

(6) 玻璃管注射器、针头等。

2. 试验步骤

(1) 分别打开下列设备的电源：粒度计→打印机→计算机。

(2) 在计算机桌面上点击测量程序，输入转速，从 1000、2000、3000、4000、5000 依次增加，旋转流体的用量(甘油)一般选定量为 30 ml，用注射器准确抽注入圆盘腔内，不能溅射到圆盘腔外，造成体积计算不准。

(3) 调节光强度使显示的基线值在 3600 左右，调浊度显示为 93.6 左右较好。运行一段时间后，使基线稳定(波动值幅度≤15)，稳定时间 3 分钟以上，然后点击任意键。

(4) 输入参数和采集参数，需要输入的参数有：样品名称、前采样周期(3)、后采样周期(5)、颗粒密度(1～2 之间)、旋转流体密度(甘油)和黏度(甘油/100)及用量等。

(5) 转速稳定后，用注射器抽取缓冲液(0.5～2.0 ml)，对准盘心注入后马上按下加速或减速键，使缓冲液与旋转流体之间的界面层消失，形成合适的缓冲层，等转速恢复到设定值，再点击任意键。

(6) 调节基线，若基线太高，则调节增益按钮。

(7) 在基线稳定后，用注射器抽取约 1 ml 样品液对准盘心快而准地注入(注意针头不得接触圆盘)。

注射样品液是关键，若注射偏会造成注射流。一次注射完，避免溅射在旋转流体表面上，造成数据不准，注射完毕后马上按压计算机的空格键。若在射入样品时液滴漏出，会造成序号与采样点数字差小于 5。

(8) 在等候计算机采集数据和处理数据的过程中，不要点击键盘。

(9) 操作结束。将仪器右边的马达电源关闭，用蒸馏水和棉纱清洗圆盘。

四、实验要求

(1) 药品及仪器：分散剂、超声波清洗仪、天平、注射器(50 ml、1 ml 各一个)、针头 3 个、100 ml 量筒、烧杯若干等。

试样：粉末样品。

(2) 实验准备。

① 固体粉末分散液的配制。

测试前，将需要测试的粉体配制为 0.1%～1.0%(重量比)的水悬浮液，并用分散剂分散，同时用超声波处理 1～10 分钟以制得分散良好的样品液。

② 转速选择。转速也是关键的测量参数之一，选择时要综合考虑样品的粒度、密度、所用旋转流体的粒度、黏度等因素。可供选择的圆盘转速范围为 600～10 000 r/min。

(3) 将粒度仪收集的数据存盘，分析试样的粒度大小及其分布，将分析数据进行列表、制图。

(4) 每个样品要重复测量三次，所得粒度结果的重复性误差要求在 10%左右。

五、思考题

(1) 粒度测量过程中应注意哪些问题？

(2) 粒度分布在材料的科研、生产中有何指导意义？

实验五　材料的润湿性测定与分析

一、实验目的

(1) 了解液体在固体表面的润湿过程以及接触角的含义与应用。

(2) 掌握接触角测量仪测定接触角和表面张力的方法。

二、实验原理

润湿是自然界和生产过程中常见的现象，可用接触角测量仪来测量润湿过程及接触角，如图 2-5-1 所示。通常将固—气界面被固—液界面所取代的过程称为润湿。将液体滴在固体表面上，由于性质不同，有的会铺展开来，有的则黏附在表面上成为平凸透镜状，这种现象称为润湿作用，前者称为铺展润湿，后者称为黏附润湿。如水滴在干净玻璃板上可以产生铺展润湿。如果液体不黏附而保持椭球状，则称为不润湿，如汞滴到玻璃板上或水滴到防水布上。此外，如果是能被液体润湿的固体完全浸入液体之中，则称为浸湿。上述各种类型示于图 2-5-2。

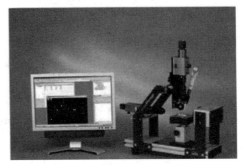

图 2-5-1　润湿角测定仪

铺展润湿

黏附润湿

不润湿

图 2-5-2　各种类型的润湿

当液体与固体接触后，体系的自由能降低。因此，液体在固体上润湿程度的大小可用这一过程自由能降低的多少来衡量。在恒温恒压下，当一液滴放置在固体平面上时，液滴能自动地在固体表面铺展开来，或以与固体表面成一定接触角的液滴存在，如图 2-5-3 所示。

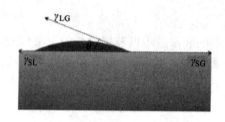

图 2-5-3　接触角测量

假定不同界面间的力可用作用在界面方向的界面张力来表示，则当液滴在固体平面上处于平衡位置时，这些界面张力在水平方向上的分力之和应等于零，这个平衡关系就是著名的 Young 方程，即

$$\gamma_{SG} - \gamma_{SL} = \gamma_{LG} \times \cos\theta \tag{2-5-1}$$

式中：γ_{SG}，γ_{LG}，γ_{SL} 分别为固—气、液—气和固—液界面张力；θ 是在固、气、液三相交界处，自固体界面经液体内部到气液界面的夹角，称为接触角，在 $0°\sim180°$ 之间。接触角是反应物质与液体润湿性关系的重要尺度。

在恒温恒压下，黏附润湿、铺展润湿过程发生的热力学条件分别是：

$$黏附润湿\quad W_a = \gamma_{SG} - \gamma_{SL} + \gamma_{LG} \geqslant 0 \tag{2-5-2}$$

$$铺展润湿\quad S = \gamma_{SG} - \gamma_{SL} - \gamma_{LG} \geqslant 0 \tag{2-5-3}$$

式中，W_a、S 分别为黏附润湿、铺展润湿过程的黏附功、铺展系数。

若将式(2-5-1)代入式(2-5-2)、式(2-5-3)，得到下面的结果：

$$W_a = \gamma_{SG} + \gamma_{LG} - \gamma_{SL} = \gamma_{LG}(1 + \cos\theta) \tag{2-5-4}$$

$$S = \gamma_{SG} - \gamma_{SL} - \gamma_{LG} = \gamma_{LG}(\cos\theta - 1) \tag{2-5-5}$$

以上方程说明，只要测定了液体的表面张力和接触角，便可以计算出黏附功、铺展系数，进而可以据此来判断各种润湿现象。还可以看到，接触角的数据也能作为判别润湿情况的依据。通常把 θ 等于 90° 作为润湿与否的界限，当 $\theta > 90°$ 时，称为不润湿，当 $\theta < 90°$ 时，

称为润湿，θ 越小润湿性能越好；当 θ 角等于零时，液体在固体表面上铺展，固体被完全润湿。接触角是表征液体在固体表面润湿性的重要参数之一，由它可了解液体在一定固体表面的润湿程度。接触角测定在矿物浮选、注水采油、洗涤、印染、焊接等方面有广泛的应用。决定和影响润湿作用和接触角的因素很多。如固体和液体的性质及杂质、添加物的影响，固体表面的粗糙程度、不均匀性的影响，表面污染等。原则上说，极性固体易被极性液体所润湿，而非极性固体易被非极性液体所润湿。玻璃是一种极性固体，故易被水所润湿。对于一定的固体表面，在液相中加入表面活性物质可改善润湿性质，并且随着液体和固体表面接触时间的延长，接触角有逐渐变小趋于定值的趋势，这是由于表面活性物质在各界面上吸附的结果。

接触角的测定方法很多，根据直接测定的物理量分为四大类：角度测量法、长度测量法、力测量法、透射测量法。其中，角度测量法是最常用的，也是最直截了当的一类方法。它是在平整的固体表面上滴一滴小液滴，直接测量接触角的大小。为此，可用低倍显微镜中装有的量角器测量，也可将液滴图像投影到屏幕上或先拍摄图像再用量角器测量，但是这类方法都无法避免人为作切线的误差。本实验所用的仪器 DSA25 标准型接触角测量仪就可采用量角法和量高法这两种方法进行接触角的测定。

三、实验要求

1. 实验设备与样品

(1) 仪器：DSA25 标准型接触角测量仪。

(2) 样品：玻璃载片，涤纶薄片，聚乙烯片，金属片(不锈钢、铜等)，不同浓度的十二烷基苯磺酸钠溶液。

2. 实验步骤

1) 接触角的测定

(1) 开机。将仪器插上电源，打开电脑，双击桌面上的 DSA25 应用程序进入主界面。点击界面右上角的活动图像按钮，这时可以看到摄像头拍摄的载物台上的图像。

(2) 调焦。将进样器或微量注射器固定在载物台上方，调整摄像头焦距到 0.7 倍(测小液滴接触角时通常调到 2~2.5 倍)，然后旋转摄像头底座后面的旋钮来调节摄像头到载物台的距离，从而使得图像最清晰。

(3) 加入样品。可以通过旋转载物台右边的采样旋钮抽取液体，也可以用微量注射器压出液体。测接触角一般用 0.6～1.0 μl 的样品量最佳。这时可以从活动图像中看到进样器下端出现一个清晰的小液滴。

(4) 接样。旋转载物台底座的旋钮使得载物台慢慢上升，触碰悬挂在进样器下端的液滴后下降，使液滴留在固体平面上。

(5) 冻结图像。点击界面右上角的冻结图像按钮将画面固定，再点击"File"菜单中的"Save as"将图像保存在文件夹中。接样后要在 20 s(最好 10 s)内冻结图像。

(6) 量角法。点击量角法按钮，进入量角法主界面，按开始键，打开之前保存的图像。这时图像上出现一个由两直线交叉成 45°组成的测量尺，利用键盘上的 Z、X、Q、A 键即左、右、上、下键调节测量尺的位置：首先使测量尺与液滴边缘相切，然后下移测量尺使交叉点到液滴顶端，再利用键盘上"<"和">"键即左旋和右旋键旋转测量尺，使其与液滴左端相交，即得到接触角的数值。另外，也可以使测量尺与液滴右端相交，此时应用 180°减去所见的数值方为正确的接触角数据，最后求两者的平均值。

(7) 量高法。点击量高法按钮，进入量高法主界面，按开始键，打开之前保存的图像。然后用鼠标左键顺次点击液滴的顶端和液滴的左、右两端与固体表面的交点。如果点击错误，可以点击鼠标右键，取消选定。

2) 表面张力的测定

(1) 开机。将仪器插上电源，打开电脑，双击桌面上的 DSA25 应用程序进入主界面。点击界面右上角的活动图像按钮，这时可以看到摄像头拍摄的载物台上的图像。

(2) 调焦。将进样器或微量注射器固定在载物台上方，调整摄像头焦距到 0.7 倍，然后旋转摄像头底座后面的旋钮调节摄像头到载物台的距离，使得图像最清晰。

(3) 加入样品。可以通过旋转载物台右边的采样旋钮抽取液体，也可以用微量注射器压出液体。在测表面张力的过程中，当样品量为液滴且最大时，可以从活动图像中看到进样器下端出现一个清晰的大液泡。

(4) 冻结图像。当液滴欲滴未滴时点击界面冻结图像按钮，再点击"File"菜单中"Save as"将图像保存在文件夹中。

(5) 悬滴法。单击悬滴法按钮，进入悬滴法程序主界面，点击开始按钮，之后打开图像文件。然后依次在液泡左右两侧和底部用鼠标左键各取一点，随后在液泡顶部会出现一条横线与液泡两侧相交，然后再用鼠标左键在两个相交点处各取一点，这时会跳出一个对话框，在对话框中输入密度差和放大因子后，即可测出表面张力值。

注：密度差为液体样品和空气的密度之差；放大因子为图中针头最右端与最左端的横

坐标之差再除以针头的直径所得的值。

3. 实验内容

(1) 考察在载玻片上水滴的大小(体积)与所测接触角读数的关系，找出测量所需的最佳液滴大小。

(2) 考察水在不同固体表面上的接触角。

(3) 等温下不同浓度的乙醇溶液在涤纶片和玻璃片上的接触角和表面张力的测定。

(4) 等温下不同浓度表面活性剂溶液在固体表面的接触角和表面张力的测定。

液体：十二烷基苯磺酸钠溶液浓度(质量分数)：0.01%，0.02%，0.03%，0.04%，0.05%，0.1%，0.15%，0.2%，0.25%。

(5) 测浓度为 0.1%十二烷基苯磺酸钠水溶液液滴在涤纶片和载玻片表面上接触角随时间的变化。

四、思考题

(1) 液体在固体表面的接触角与哪些因素有关？

(2) 在本实验中，滴到固体表面上的液滴的大小对所测接触角读数是否有影响？为什么？

(3) 实验中滴到固体表面上的液滴的平衡时间对接触角读数是否有影响？

实验六　红外光谱测定与分析

一、实验目的

(1) 了解傅里叶变换红外光谱仪(如图 2-6-1 所示)的基本构造及工作原理。

(2) 了解傅里叶变换红外光谱仪操作。

(3) 掌握几种常用的红外光谱解析方法。

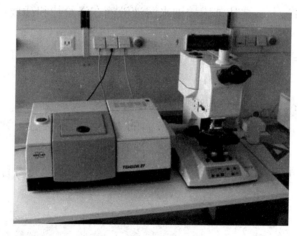

图 2-6-1　布鲁克 Tensor-27 傅里叶变换红外光谱仪

二、实验原理

由于分子吸收了红外线的能量，导致分子内振动能级的跃迁，从而产生相应的吸收信号——红外光谱(简记 IR)。根据红外光谱与分子结构的关系，谱图中每一个特征吸收谱带都对应于某化合物的质点或基团振动的形式。因此，特征吸收谱带的数目、位置、形状及强度取决于分子中各基团(即化学键)的振动形式和所处的化学环境。只要掌握了各种基团的振动频率(基团频率)及其位移规律，即可利用基团振动频率与分子结构的关系，来确定吸收谱带的归属，从而确定分子中所含的基团或键，并进而根据其特征振动频率的位移、谱带强度和形状的改变，来推测分子结构。如果用红外光去照射样品，并将样品对每一种单色的吸收情况记录，就得到红外光谱。

1. 双原子分子的红外吸收频率

分子振动可以近似地看作是分子中原子心平衡点为中心，以很小的振幅做周期性的振动。这种振动的模型可以用经典的方法来模拟。如图 2-6-2 所示，m_1 和 m_2 分别代表两个小球的质量，即两个原子的质量，弹簧的长度就是化学键的长度。这个体系的振动频率取决于弹簧的强度，即化学键的强度和小球的质量。其振动是在两个小球的键轴方向发生的。

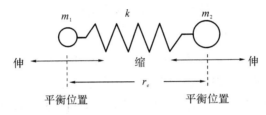

图 2-6-2 双原子分子的振动模型

用经典力学的方法可以得到如下的计算公式：

$$v = \frac{1}{2\pi}\sqrt{\frac{k}{\mu}} \tag{2-6-1}$$

或

$$\overline{v} = \frac{1}{2\pi c}\sqrt{\frac{k}{\mu}} \tag{2-6-2}$$

可简化为

$$\overline{v} = 1304\sqrt{\frac{k}{\mu}} \tag{2-6-3}$$

式中，v 表示的是频率，其单位为 Hz；$\overline{v}$ 是波数，其单位为 cm^{-1}；k 表示的是化学键的力常数，其单位为 g/s^2；c 表示的是光速(3×10^{10} cm/s)；μ 是原子的折合质量 $\mu = \dfrac{m_1 m_2}{m_1 + m_2}$。

2. 多原子分子的吸收频率

双原子分子振动只能发生在连接两个原子的直线上，并且只有一种振动方式，而多原子分子振动则有多种振动方式。假设由 n 个原子组成，每一个原子在空间都有 3 个自由度，则分子有 $3n$ 个自由度。其中非线性分子的转动有 3 个自由度，线性分子则只有 2 个转动自由度，因此非线性分子有 $3n-6$ 种基本振动，而线性分子有 $3n-5$ 种基本振动。以 H_2O 分子为例，水分子由 3 个原子组成并且不在一条直线上，其振动方式应有 $3×3-6=3$ 个，分别是对称和非对称伸缩振动和弯曲振动。$O-H$ 键长度改变的振动称为伸缩振动，键角小于 HOH 改变的振动称为弯曲振动。通常键长的改变比键角的改变需要更大的能量，因此伸缩振动出现在高波数区，弯曲振动出现在低波数区。

3. 红外光谱及其表示方法

红外光谱所研究的是分子中原子的相对振动，也可归结为化学键的振动。不同的化学键或官能团，其振动能级从基态跃迁到激发态所需要的能量不同，因此要吸收不同的红外光。物理吸收不同的红外光，将在不同波长上出现吸收峰。其中红外光谱就是这样形成的，如图 2-6-3 所示。

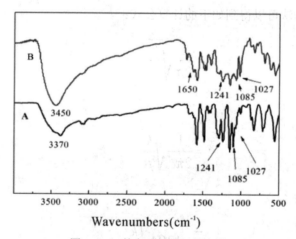

图 2-6-3　某高分子的红外光谱

红外波段通常分为近红外($13\,300\sim4000\ \text{cm}^{-1}$)、中红外($4000\sim400\ \text{cm}^{-1}$)和远红外($400\sim10\ \text{cm}^{-1}$)。其中研究最为广泛的是中红外区。

4. 红外谱带的强度

红外吸收峰的强度与偶级矩变化的大小有关，吸收峰的强弱与分子振动时偶极矩变化的平方成正比，一般永久偶极矩变化大的，振动时偶极矩变化也较大，如 C=O(或 C-O)的强度比 C=C(或 C-C)要大得多。若偶极矩变为零，则无红外活性，即无红外吸收峰。

三、实验要求

1. 实验设备与样品

(1) 实验仪器：布鲁克 Tensor-27 傅里叶变换红外光谱仪、压片机。

(2) 实验样品：磷酸处理的 Fe_3O_4 纳米颗粒。

2. 实验步骤

1) 红外光谱仪的准备

(1) 打开红外光谱仪电源开关，待仪器稳定 30 分钟后，进行测试。

(2) 打开电脑，启动红外软件，在菜单下设置试验参数。

(3) 设置参数：分辨率 $4 \, cm^{-1}$，扫描次数 32，扫描范围 $4000 \sim 400 \, cm^{-1}$，纵坐标 Transmittance。

2) 样品制备

本试验采用压片法制备固体样品。

(1) 取干燥的试样约 1 mg 于干净的玛瑙研钵中，在红外灯下研磨成细粉，再加入约 150 mg 干燥且已研磨成细粉的 KBr 一起研磨，直到二者完全混合均匀，混合物粒度约为 2 μm 以下(样品与 KBr 的比例为 1∶100～1∶200)。

(2) 取适量的混合样品于干净的压片模具中，堆积均匀，用手压式压片机用力加压 30 s，支撑透明试样薄片。

3) 样品的红外光谱测定

(1) 小心取出试样薄片，将其装在磁性样品架上，并放入红外光谱仪的样品室中，在选择的仪器程序下进行测定，通常先测空气的空白背景，再将样品置于光路中，测量样品红外光谱图。

(2) 扫描结束后，取出样品架，之后取下薄片，并将压片模具、试样架等擦洗干净置于干燥器中保存好。

4) 数据处理

(1) 对所测谱图进行基线校正及适当平滑处理，标出主要吸收峰的波数值，储存数据后打印谱图。

(2) 用仪器自带软件对图谱进行检索，并判断各主要吸收峰的归属，得出试样的结构，并与已知结构进行对比。

3. 实验内容

(1) 对样品进行红外光谱测定。

(2) 分析主要吸收峰的归属。

(3) 分析吸收峰的形成机理。

四、思考题

(1) 为什么要选用 KBr 作为来承载样品的介质？

(2) 傅里叶变换红外光谱仪具有哪些优点？

(3) 红外光谱可以分析哪些样品？一般有哪些制样方法，分别适用于什么样品？

(4) 溴化钾的作用是什么？用溴化钾压片时应注意什么？

实验七　钢的淬透性测定

一、实验目的

(1) 掌握钢的淬透性的实验方法，重点为末端淬火法。

(2) 了解化学成分、奥氏体化温度及晶粒度对钢的淬透性的影响。

二、实验原理

1. 淬透性的概念及其影响因素

在实际生产中，零件一般通过淬火得到马氏体，以提高机械性能。钢的淬透性是指钢经奥氏体化后在一定冷却条件下淬火时获得马氏体组织的能力。通常用淬透性曲线、淬硬层深度或临界淬透直径来表示。淬透性与淬硬性不同，它指的是淬硬层深度的尺度而不是获得的最大硬度值。它决定淬火后从表面到心部硬度分布的情况。一般规定"由钢的表面至内部马氏体占 50%(其余的 50%为珠光体类型组织)组织处的距离"为淬硬层深度。淬硬层越深，就表明该钢的淬透性越好。如果淬硬层能够达到心部，则表明该钢全部淬透。

影响淬透性的因素很多，最主要的是钢的化学成分，其次为奥氏体化温度、晶粒度等等。钢的淬透性与过冷奥氏体的稳定性有密切的关系。如果奥氏体向珠光体转变的速度越慢，也就是等温转变开始曲线越向右移，钢的淬透性越大，反之就越小，可见影响淬透性的因素与影响奥氏体等温转变的因素是相同的。

溶入奥氏体的大多数合金元素除 Co 以外，都能够增加冷奥氏体的稳定性，使曲线右移，从而降低临界冷却速度，提高钢的淬透性。钢中含碳量对临界冷却速度的影响为：随含碳量的增加，亚共析钢临界冷却速度降低，淬透性增加；而过共析钢临界冷却速度增高，淬透性下降。当含碳量超过 1.2%～1.3%时，淬透性明显降低。

表 2-7-1　常用钢的临界直径表

钢号	半马氏体硬度值 HRC	临界直径 D_0(mm)	
		20～40℃水冷	矿物油中冷却
35	38	8～13	4～8
40	40	10～15	5～9.5
45	42	13～16.5	6～9.5
60	47	11～17	6～12
T10	55	10～15	＜8
40Mn	44	12～18	7～12
40Mn2	44	25～100	15～90
45Mn2	45	25～100	15～90
65Mn	53	25～30	17～25
15Cr	35	10～18	5～11
20Cr	38	12～19	6～12
30Cr	41	14～25	7～14
40Cr	44	30～38	19～28
45Cr	45	30～38	19～28
40MnB	44	50～55	28～40
40MnVB	44	60～76	40～58
20MnTiB	38	36～42	22～38
35SiMn	43	40～46	25～34
35CrMo	43	36～42	20～28

　　注：Cr、Mo、Ni、Mn 对淬透性的影响较大；Ti、Zr、V 少量溶入奥氏体后，使淬透性增加，但超过一定量会使淬透性变坏。

2. 淬透性的测定方法

　　淬透性的测定方法可以大致分为计算法和实验法两种。目前使用的方法还是实验法，它主要是通过测定标准试样来评价钢的淬透性。具体的试验方法有多种，现将其中通常采用的四种方法进行概述，具体如下：

(1) 断口检验法。

根据 GB227—63《碳素工具钢淬透性试验法》(低合金工具钢也可参照此标准)的规定，在退火钢棒截面中部截取 2～3 个试样，方形试样的横截面尺寸为 20 mm × 20 mm(±0.2)，圆形截面为 ϕ22～33 mm，长度为(100 ± 5) mm，试样中间一侧开一个深度为 3～5 mm 的 V 形槽，以利于淬火后打断来观察断口。试样分别在 760℃、800℃、840℃温度下加热 15～20 min，然后淬入 10℃～30℃的水中。通过观察断口上淬硬表层(脆断区)深度，对照相应的评级标准图来评定淬透性等级(GB227—63 规定分成 0～5 级)。

(2) U 曲线法。

用长度为直径的 4～6 倍一组直径不同的试样，经奥氏体化后在一定的淬火介质(如水、盐水、油等)中冷却，然后沿试样纵向剖开，磨平后自试样表面向内每隔 1～2 min 距离测定一处硬度值，并将所测结果画成硬度分布曲线。淬透性的大小可用淬硬层深度 h 或 DH/D 来表示，D 为试样直径，DH 为未淬硬区域直径。用这种方法测量出来的数值依试样尺寸、淬火介质的冷却能力的不同而变化，因此应用较少，但此法比较直观。

(3) 临界直径法。

所谓"临界淬透直径"，是指钢在一定介质中淬火时，中心能获得半马氏体组织的最大直径。用 U 曲线法做实验时，总可以找到在一定的淬火介质中冷却时心部恰好能够淬透(截面中心的硬度为半马氏体硬度，即组织恰好对应含50%马氏体组织)的临界直径，用 D_0 表示。但 D_0 与淬火介质有关。为了排除冷却条件的影响，假定淬火介质的冷却强度值 H 为无穷大，试样淬火时其表面温度立即冷却到淬火介质的温度，此时所能淬透的最大直径称为理想临界直径(D_i)，显然 D_i 仅取决于钢的成分，因此可用它作为判别不同钢种淬透性的依据。理想临界直径可以通过试验得出的半马氏体区厚度 d 在特定的曲线图中查出。依此还可以进一步求出该钢种在各种介质中的临界直径等。

(4) 末端淬火法。

目前测定钢的淬透性最常用的方法是末端淬火(又称顶端淬火法，简称端淬法)。其简便而经济，又能较完整地提供钢的淬火硬化特性，克服了上述方法的缺点。广泛适用于优质碳素钢、合金结构钢、弹簧钢、轴承钢及合金工具钢等的淬透性测量。该方法采用的试样形状尺寸及试验原理可参照国标 GB225—88。试验时将试样按规定的奥氏体化条件加热后(注意防止氧化脱碳)迅速取出放入试验装置。因试样的末端被喷水冷却，故水冷端冷得最快，越向上冷得越慢，头部的冷速相当于空冷，因此沿试样长度方向将获得各种冷却条件下的组织和性能。冷却完毕后沿试样纵向两侧各磨去 0.4 mm，并自水冷端 1.5 mm 处开始测定硬度，绘出硬度与至水冷端距离的关系曲线，即所谓端淬曲线。

试样和冷却条件是规定的，所以试样各占的冷却速度也是固定的，这样端淬法就排除了试样的具体形状和冷却条件的影响，归结为冷却速度与淬火后硬度之间的关系。如果再对各点进行金相组织观察，那么借助于端淬曲线就可知道冷却速度、金相组织和硬度之间的关系。根据 GB225—88 规定，钢材的淬透性用 J(HRC/d)表示，其中 J 表示端淬试验，d 为距水冷端距离，HRC 为在该处测定的硬度值。

三、实验要求

1. 实验仪器与样品

箱式电炉，加热试样用的金属容器(即试样保护筒)，端淬实验机，铁砂布，腐蚀剂，洛氏硬度计，切割机，砂轮机，游标卡尺，45，40Cr 端淬试样一套。

2. 实验内容

(1) 分别领取 45 钢和 40Cr 钢端淬火试样。

(2) 根据试样尺寸及钢种制定热处理工艺。

(3) 调整末端淬火设备，做好淬火前的准备。

(4) 按照所制定的工艺加热、保温并淬火。

(5) 在淬火后的试样上，以平行于试样轴线方向磨制出深度为 0.4～0.5 mm 的 2 个相互平行的平面。

(6) 按规定程序测量硬度值(HRC)。

(7) 汇总整理全部实验数据，绘制出淬透性曲线。

四、思考题

(1) 试述钢的淬透性的测定方法及意义。

(2) 钢的成分不同对淬透性有哪些影响？

实验八　钢铁的火花鉴别

一、实验目的

掌握钢铁的火花鉴别方法。

二、实验原理

钢材的品种繁多，应用广泛，但性能差异也很大，因此对钢材的鉴别就显得异常重要。钢材的鉴别方法很多，当前主要用钢火花鉴别法和钢材色标识别法两种方法。

钢火花鉴别法是将被鉴别的钢铁材料与高速旋转的砂轮接触，根据钢铁材料在磨削过程中所出现的火花爆裂形状、流线、色泽、发火点等特征，区分钢铁材料化学成分差异，近似地判定钢铁材料的化学成分。

1. 火花产生的机理

钢铁材料在一定的压力下，放在砂轮上摩擦，由于砂轮的磨削作用，钢铁呈屑末状脱离基体，并且沿着砂轮与材料接触点的切线方作高速运动。同时被磨削热加热成熔融状态，形成光亮的流线，当流线中熔融状态的金属颗粒与空气中的氧接触时表面被强烈氧化，形成一层 FeO 薄膜。钢中的碳在高温下极易与氧发生反应，$FeO + C \rightarrow Fe + CO$，使 FeO 还原，被还原的 Fe 将再次被氧化，然后再次还原，这种氧化-还原反应循环进行，会不断产生出 CO 气体，当颗粒表面的氧化铁薄膜无法控制产生的 CO 气体时，就有爆裂现象发生从而形成火花。爆裂的碎粒若仍残留未参加反应的 FeO 和 C 时，将继续发生反应，从而出现二次、三次或多次爆裂火花。钢中的碳是形成火花的基本元素，当钢中含有锰、硅、钨、铬、钼等元素时，它们的氧化物将影响火花的线条、颜色和状态。根据火花的特征，可大致判断出钢材的碳含量和其他元素的含量。

2. 火花产生的方式

以往研究火花鉴别是采用专用电动砂轮机，其参数：功率为 $0.20 \sim 0.75$ kW，转速高于 3000 r/min，所用砂轮粒度为 $40 \sim 60$ 目，中等硬度，直径为 $\phi 150 \sim 200$ mm。磨削时施加压力以 $20 \sim 60$ N 为宜，轻压看合金元素，重压看含碳量。这种方法需将钢件制成小试样从而便于手持磨削，否则现场应用会受到一定限制。

对于生产现场的工件可采用风砂轮或电动砂轮进行火花鉴别，即将工件与已知成分的钢件试样对比磨削，观察火花的一致程度，来确定钢铁的化学成分。这种方法需制作一定数量已知化学成分的小试样。

3. 火花鉴别的要点

钢铁中的含碳量主要是根据火花的爆裂情况进行鉴定的。碳钢中的含碳量越高，火花越多，火束越多。对合金钢，由于各种合金元素对火花形状、颜色产生不同影响，因而也可鉴别出合金元素的种类及大概含量，但没有碳素钢容易和准确。

火花鉴别的要点是：仔细观察火花的火束粗细、长短、花次层叠程度和它的色泽变化情况。注意观察组成火束的流线形态，火花束根部、中部及尾部的特殊情况和它的运动规律，同时还要观察火花爆裂形态、花粉大小和多少。

4. 火花的组成

(1) 火束：火束是指被测材料在砂轮上磨削时产生的全部火花，常由根部、中部和尾部组成，如图 1-8-1 所示。

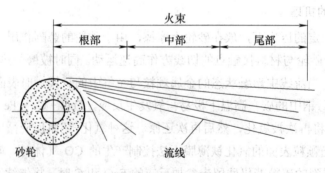

图 1-8-1　火束的组成

(2) 流线：从砂轮上直接射出的类似直线的火流称为流线。**每条流线都由节点、爆花和尾花组成**，如图 1-8-2 所示。

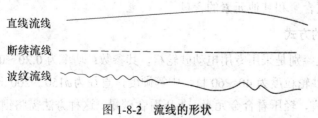

图 1-8-2　流线的形状

(3) 节点：节点指的是流线上火花爆裂的原点，呈明亮点。

(4) 爆花和芒线：爆花指的是节点处爆裂的火花。组成爆花的每一根细小线叫芒线。钢的化学成分不同，尾花的形状也不同。通常，尾花可分为狐尾尾花、枪尖尾花、菊花状尾花和羽状尾花等。

(5) 爆花常见类型，如图 1-8-3 和图 1-8-4 所示。

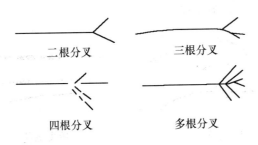

图 1-8-3　芒线的形式

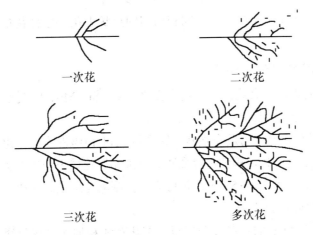

图 1-8-4　爆花的形式

① 一次爆花(简称一次花)：在流线上的爆花，只有一次爆裂的芒线，花型较简单，有两叉、三叉和多叉几种。一次爆花是含碳量 0.25%以下的碳钢的火花特征。爆花分叉的增加说明钢中含碳的增多。

② 二次爆花：在第一次爆裂的芒线上，又一次发生爆裂所呈现的爆花形式，称为二次花。它也随含碳量的不同分为三叉、四叉和多叉几种。二次花是含碳量 0.3%～0.6%的碳钢的火花特征。

③ 三次爆花与多次花：在第二次爆裂的芒线上再一次(或数次)爆裂所呈现的极为细小而复杂的火花形式，称为三次花(或多次花)，这种爆花是含碳量 0.65%以上的碳钢的火花特征。

(6) 尾花：流线末端的火花，称为尾花。常见的尾花有两种形状：狐尾尾花和枪尖尾花，如图 1-8-5 所示。根据尾花可判断出所含合金元素的种类，狐尾尾花说明钢中含有钨元素，枪尖尾花说明钢中含有钼元素。

狐尾尾花   枪尖尾花

图 1-8-5　尾花的形状

(7) 花粉：它是分散在爆花的芒线间和周围的点状火花。这种花粉只有在含碳量超过 0.5%的钢中才出现。

5. 钢中合金元素对火花的影响

钢中加入合金元素后，火花特征将发生变化。Ni、Si、Mo、W 等合金元素抑制爆花爆裂，Mn、V 等合金元素则有助于爆花爆裂。

(1) 钨：抑制爆花爆裂作用最为强烈。钨含量达到 1.0%左右时，爆花显著减少，钨含量为 2.5%时，爆花呈秃尾状，钨使色泽变暗。钨抑制爆花爆裂作用的大小，与钢中含碳量有关，低碳钢中钨含量为 4%～5%时，钨可完全抑制爆花爆裂。从火花色泽上看，钨钢中含碳量越高，越是呈暗红色火花。

(2) 钼：钼具有较强烈的抑制爆花爆裂、细化芒线和加深火花色泽的作用。钼钢的火花色泽是不明亮的，当钼含量较高时，火花呈深橙色。钼钢有没有枪尖尾花，与含钼量和含碳量有关，含碳量越低，枪尖越明显。

(3) 硅：硅也有抑制爆花爆裂作用。当硅含量达 2%～3%时，这种抑制作用就较明显，它能使爆裂芒线缩短。硅锰弹簧钢的火花呈橙红色，流线粗而短，芒线短粗且较少，火花试验时手感抗力较小。

(4) 镍：镍对爆花有较弱的抑制作用，使花形不整洁和缩小，流线较碳钢细。随镍含量增加，流线的数量减少且长度变短，色泽变暗。

(5) 铬：铬的影响比较复杂。对于低铬低碳钢，铬有助于火花爆裂、增加流线长度和数量的作用，火花呈亮白色，爆花为一、二次花，花型较大。对于含碳量较高的低铬钢，铬助长爆裂的作用不明显，且会阻止枝状爆花的发生，流线粗短而量较少，火花束仍然明亮。由于碳高，爆花有花粉。随铬含量增加，火花的爆裂强度、流线长度、流线数量等均有所减少，色泽也将变暗。若铬钢中含有抑制爆裂和助长爆裂的合金元素，则钢的火花现象表现复杂，为判定钢的铬含量，需配合其他试验方法。

(6) 锰：锰元素有助长爆花爆裂的作用。锰钢的火花爆裂强度比碳钢强，爆花位置比碳钢离砂轮远。钢中含锰稍高时，钢的火花比较整洁，色泽也比碳钢黄亮，含碳量较低的锰钢呈白亮色，爆花核心有大而白亮的节点，花型较大，芒线稀少且细长。含碳量较高的锰钢，爆花有较多的花粉。低锰钢的流线粗而长，且量较多。高锰钢流线短粗且量少，由于锰是助长爆裂的元素，因此有时可能会被误认为钢的碳含量高。

(7) 钒：钒元素有助长爆花爆裂的作用。

观察火花是鉴别钢的简便方法。对于碳素钢的鉴别比较容易，但对合金钢，尤其是多种合金元素的合金钢，各合金元素对火花的影响不同，它们互相制约，情况比较复杂。

6. 常用钢铁材料的火花特征

碳是钢铁材料火花的基本元素，也是火花鉴别法测定的主要成分。由于含碳量的不同，其火花形状不同，如图 2-8-6 和表 2-8-1 所示。

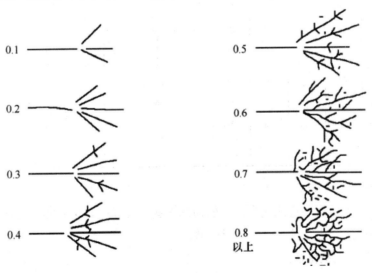

图 2-8-6 含碳量与火花特征

(1) 碳素钢火花的特征。

① 通常低碳钢火花束较长，流线少，芒线稍粗，多为一次花，发光一般，带暗红色，无花粉。

② 中碳钢火花束稍短，流线较细长而多，爆花分叉较多，开始出现二次、三次花，花粉较多，发光较强，颜色为橙色。

③ 高碳钢火花束较短而粗，流线多而细，碎花、花粉多，又分叉多且多为三次花，发光较亮。

表 2-8-1　碳钢的火花特征

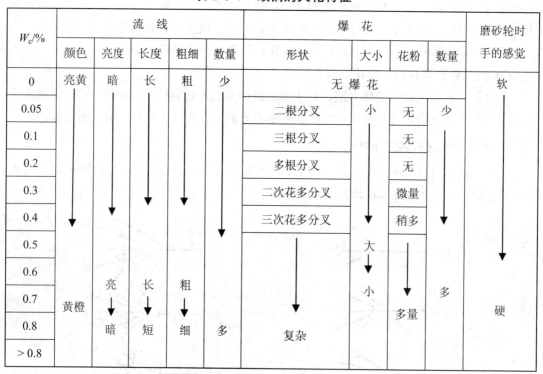

W_c/%	流线					爆花				磨砂轮时手的感觉
	颜色	亮度	长度	粗细	数量	形状	大小	花粉	数量	
0	亮黄	暗	长	粗	少	无爆花				软
0.05						二根分叉	小	无	少	
0.1						三根分叉		无		
0.2						多根分叉		无		
0.3						二次花多分叉		微量		
0.4						三次花多分叉		稍多		
0.5							大			
0.6		亮	长	粗			小		多	
0.7	黄橙							多量		硬
0.8		暗	短	细	多	复杂				
>0.8										

(2) 铸铁的火花特征。

铸铁的火花束很粗，流线较多，一般为二次花，花粉多，爆花多，尾部渐粗下垂成弧形，颜色多为橙红。火花试验时，手感较软。

(3) 灰铸铁的火花特征。

火花束细而短，尾花呈羽状，色泽为暗红色。

（4）合金钢的火花特征。

合金钢的火花特征与其含有的合金元素有关。一般情况下，镍、硅、钼、钨等元素抑制火花爆裂，而锰、钒、铬等元素可助长火花爆裂。所以对合金钢的鉴别难掌握。

一般铬钢的火花束白亮，流线稍粗而长，爆裂多为一次花，花型较大，呈大星形，分叉多而细，附有碎花粉，爆裂的火花心较明亮。

镍铬不锈钢的火花束细，发光较暗，爆裂为一次花，五、六根分叉，呈星形，尖端微有爆裂。

高速钢火花束细长，流线数量少，无火花爆裂，色泽呈暗红色，根部和中部为断续流线，尾花呈弧状。

（5）常用钢种的火花特征。

20钢：流线多，呈红色，火束长，芒线稍粗。发光适中，花量稍多，多根分岔爆裂，呈星形，花角狭小，呈一次花多根分叉爆裂。

45钢：流线多而稍细，呈黄色，火束短，发光大，爆裂为多根分岔，多量三次花量呈火星形，火花盛开花数约占全体3/5以上，有很多的小花及花粉发生。

T7钢：流线多而细，火束由于含碳量高，其长度渐次缩短而粗，发光渐次减弱，火花呈黄色稍带红色，根部暗红，中部明亮，爆裂为多根分岔，多量三次花，花形由基本的星形发展为三层迭开，花数增多。磨砂轮时手的感觉稍硬。

T12钢：整个火束呈暗橙色，发光不大，愈近根部色泽和光度愈暗淡，流线多而极细密，火束更为粗短，爆裂为多根分岔，三次花的花量极多，三层、四层重叠开花，大量碎花和花粉。磨砂轮时手的感觉较硬。

CrWMn钢：火束细而较长，发光稍暗，呈红色，火花爆裂为稍多二次花，根部时有断续流体产生，尾部呈狐尾花爆裂。

GCr15钢：火束粗而较短，发光中度，其爆裂为多量较紧密的三次花，花心是火团，芒线多而细，附有很多碎花和花粉，呈橙黄色。

9CrSi钢：火束明亮而长，呈橙黄色，流线粗而明亮，流线各部粗细近于一致，尾部有狐尾状。火花爆裂多为三次花，花心明亮。

Cr12钢：火束细而极短，发光较暗，火花爆裂为三次花，十多根分叉，多层复花形式，呈大星形，附有很多碎花和花粉，爆花很多，活泼美观，尾部流线略微粗大，磨砂轮时手的感觉硬。

3Cr2W8V 钢：火束细而较短，发光暗弱，火花爆裂几乎完全抑制，流线呈暗红色，尾部有点状狐尾花。

5CrNiMo 钢：火束较粗而明亮，发光中等，爆裂为三次花，三四根分叉为橙黄色，花心明亮并有花苞，尾部有枪尖尾花。

50CrV 钢：火束较粗而较短，呈橙黄色，发光大，爆裂为三次花，十数根分叉的层叠复花，呈大星形，芒线多而细，花粉较多，花心明亮。

W6Mo5Cr4V2 钢：火束短，呈赤红色，流线各部粗细近于一致，极少量的火花爆裂，流线比其他高速钢多。

W9Cr4V2 钢：火束长且呈暗红色，偶尔出现爆花，三四枝叶分叉，其根部为断续流线，尾部色泽明亮成狐尾状花。

W18Cr4V 钢：火束细长，流线数量少，色泽呈赤橙色或暗红色，发光极暗，由于钨的影响，几乎无火花爆裂。其流线比 W9Cr4V2 钢长而少，膨胀性小，中部和根部为断续流线，尾部呈点形狐尾花。磨砂轮时手的感觉较硬。

W12Cr4V4Mo 钢：火束较 W6Mo5Cr4V2 钢长而少，流线比 W18Cr4V 钢粗而明亮，尾部明亮，有少量爆花。

7. 火花鉴别记忆法则

一叉碳少两叉中，三叉出现超 60(60 钢)；

50(50 钢)流线长而亮，稍有花粉伴其中；

T8、T10 碳量高，一短(火束短)三多(爆花多、花粉多、芒线多)看不清；

合金加入有变化，铬(菊尾花)锰(星花)钒助长火花明(仿佛增加了碳量)；

钨镍硅钼抑制碳(亮度降低)，狐尾苞花喇叭枪形(尾部特征)。

三、实验要求

(1) 火花鉴别常用的设备为手提式砂轮机或台式砂轮机，砂轮宜采用 46～60 号普通氧化铝砂轮。手提式砂轮直径为 100～150 mm，台式砂轮直径为 200～250 mm，砂轮转速一般为 2800～4000 r/min。

(2) 在火花鉴别时，最好应备有各种牌号的标准钢样以帮助对比、判断。操作时应选在光线不太亮的场合进行，最好放在暗处，以免强光影响火花色泽及清晰度的判别。

(3) 操作时使火花向略高于水平方向射出，以便观察火花流线的长度和各部位的火花形状特征。施加的压力要适中，施加较大压力时应着重观察钢材的含碳量；施加较小压力时应着重观察材料的合金元素。

四、思考题

(1) 钢铁产生火花的原理是什么？有色金属能否通过火花进行鉴别？

(2) 如何理解合金元素对火花的影响？

实验九 钢的晶粒度测定

一、实验目的

(1) 熟悉奥氏体晶粒度的显示方法。

(2) 掌握实际奥氏体晶粒大小的测定。

二、实验原理

金属材料的晶粒大小称为晶粒度，评定晶粒粗细的方法称为晶粒度的评定。通常使用长度、面积或体积来表示不同方法评定或测定晶粒的大小，而利用晶粒度级别指数表示的晶粒度与测量方法、使用单位无关。

在钢铁等多晶体金属中，晶粒的大小用晶粒度来衡量，其数值可由式(2-9-1)求出：

$$n = 2^{N-1} \qquad\qquad (2\text{-}9\text{-}1)$$

式中：n——显微镜放大 100 倍时，6.45 cm^2(1 in^2) 面积内晶粒的个数。

N——晶粒度。

奥氏体晶粒的大小称奥氏体晶粒度。钢中奥氏体晶粒度，一般分为 1～8 等 8 个等级。其中 1 级晶粒度晶粒最粗大，8 级最细小(参看 YB27—64)。

奥氏体晶粒的大小对以后冷却过程中所发生的转变以及转变所得的组织与性能都有极大的影响。因此，研究奥氏体晶粒度的测定及其变化规律在科学研究及工业生产中都有着重要的意义。

奥氏体的晶粒度具有 3 个不同的概念，分别是钢的起始晶粒度、实际晶粒度和奥氏体本质晶粒度。起始晶粒度是指钢刚完成奥氏体化过程时具有的奥氏体的晶粒度；实际晶粒度是指从出厂钢材上截取试样所测得的在某一种热加工条件下所获得的晶粒大小；而奥氏体本质晶粒度则是将钢加热到一定温度并保温足够时间后，钢所具有的奥氏体晶粒大小。目前，本质晶粒度的提法已渐渐淡化。

通常，我们还是以实际晶粒度来表示晶粒的大小。在热处理(或热加工)的某一具体加热条件下所得到的奥氏体晶粒的大小称为实际晶粒度。

奥氏体转变完后，若不立即冷却而在高温停留，或者继续升高加热温度，则奥氏体将长大。因为上述过程在热处理时是不可避免的，所以奥氏体开始冷却时的晶粒(实际晶粒度)要比起始晶粒大。实际晶粒度除了与起始晶粒度有关外，还与钢在奥氏体状态停留的温度及时间有关，在快速加热时，与加热速度和最终的加热温度有关。当加热温度相同时，加热速度越大，实际奥氏体晶粒越细小。

奥氏体晶粒的长大是自发的，因为减少晶界可以降低表面能。如果不存在阻碍晶粒长大的因素而又给以足够的时间，则从原则上说应该能长成一单晶奥氏体。但是由于存在着一些阻碍奥氏体晶粒长大的因素，所以当达到一定尺寸后就不再长大了。奥氏体晶粒的长大是通过大晶粒吞并小晶粒进行的。在长大阶段晶粒大小是不均匀的。等到各个晶粒都趋向同一大小时，晶粒不再长大。要使晶粒进一步长大，必须提高温度。实验证明，加热温度越高，晶粒长大越快，最后得到的晶粒也越粗大。显然，快速加热时，虽然起始晶粒较细小，但如果控制不好(如加热温度过高或保温时间过长)，则由于所处的温度较高，导致奥氏体极易长大。

为什么温度一定时，奥氏体晶粒长大到一定大小就不再继续长大了呢？为什么有的钢种奥氏体晶粒容易长大，而有的不易长大？对于这些问题目前一般都用机械阻碍理论来解释。一般认为钢中存在一些难溶的化合物，分布在奥氏体晶界上，阻碍了奥氏体晶粒的长大。只有当温度进一步提高，一部分化合物溶入奥氏体后，奥氏体才能继续长大。长大到一定程度后奥氏体被尚未溶解的化合物所阻碍，不能再长大。只有再提高温度才能进一步长大。由于不同钢的化学成分及冶炼方法不同，这样就导致了有的钢种奥氏体晶粒容易长大，而另一些钢种奥氏体晶粒不易长大。

实际晶粒度粗大往往使钢的机械性能降低，特别是冲击韧性、疲劳性能降低，实际晶粒度细小可以提高钢的屈服强度、正断强度、疲劳强度，同时使钢材具有较高的塑性和冲击韧性，并能降低钢的脆性转变温度。因此在制定热处理工艺时，一般情况下应尽量设法获得细小的奥氏体晶粒。按目前常用的生产工艺，对结构钢来说仅能使奥氏体晶粒细化到8级，很难再进一步细化。晶粒细化到10级以上($d < 10^{-2}$毫米)则称为超细晶粒。用来获得这种超细晶粒的特殊的加工处理方法称为超细化处理。近年的研究表明，采用超细晶粒化处理方法，可以使奥氏体晶粒细化到15级，使铁素体细到16级。

从实验数据可看出，将合金结构钢的奥氏体晶粒度从9级细化到15级后钢的屈服强度(调质状态)从115 kg/mm^{2}提高到142 kg/mm^2，并使它的脆化转变温度从 −50℃下降到 −150℃；将低碳钢的铁素体晶粒从8级细化到16级后钢的屈服强度(退火状态)从20 kg/mm^{2}提高到55 kg/mm^2，将碳素工具钢的奥氏体晶粒度从8级细化到15级后，钢的硬度(低温回火状态)从 HRC63.5 提高到 HRC65。

晶粒细化能提高钢的综合力学性能，这是当前热处理中能使钢的强度和韧性同时得到提高的方法之一。现有很多使奥氏体晶粒超细化的工艺方法，如快速循环加热淬火、循环加热回火、快速加热及形变热处理等。

常用的方法有比较法和弦计算法两种。

(1) 比较法。

在用比较法评定钢的晶粒度时，在 100 倍显微镜下直接观察或投射在毛玻璃上。首先对试样作全面观察，然后选择其晶粒度具有代表性的视场与标准级别图(YB27—64 中的第一标准级别图，如图 2-9-1 所示)比较，并确定出试样的晶粒度，与标准级别图中哪一级晶粒大小相同，将后者的级别定为试样的晶粒度号数。

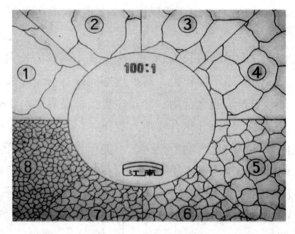

图 2-9-1 标准评级图

试样上的晶粒通常是不均匀的，大晶粒或小晶粒如属个别现象可不予考虑，若不均匀现象较为普遍，则当计算不同大小晶粒在视场中各占百分比时，如大多数晶粒度所占有的面积不小于视场的 90%，则只定一个晶粒度号数来代表被测试样的晶粒度；否则试样的晶粒度应用两个或三个级别号数表示，前一个数字代表占优势的晶粒度。例如试样上晶粒大多数是 6 级，少数是 4 级时，即写为 6～4 级。

在某些情况下，如在 100 倍显微镜下观察被测试样的晶粒大于 1 级或小于 8 级，为了准确评定其大小，可以在降低或增高放大倍率的条件下与标准级别图对照，再按表 2-9-1 的数据换算成 100 倍下的晶粒级别。例如某试样在 100 倍下观察晶粒比 1 级还大，即可在 50 倍下观察，与标准级别图对照是 2 级，查表后得知晶粒度为 0 级。

表 2-9-1 不同放大倍数晶粒度换算表

放大倍数	晶 粒 度 级 别											
50	1	2	3	4	5	6	7	8	—	—	—	—
100	—	0	1	2	3	4	5	6	7	8	9	10
200	—	—	—	—	1	2	3	4	5	6	7	8
300	—	—	—	—	—	1	2	3	4	5	6	7
400	—	—	—	—	—	—	1	2	3	4	5	6

显微晶粒度的评定步骤及注意事项包括如下几方面:

① 通常使用与标准评级图相同的放大倍数(100×),通过显微镜投影图像或代表性视场的显微照片与相应的标准评级图直接比较,选取与试样图像最接近的标准评级图级别,记录评定的结果。

② 将待测的晶粒图像和标准评级图投到同一投影屏上,可提高评级精确度。

(2) 弦计算法。

这种测量方法比较复杂,只有当测量的准确度要求较高或晶粒为椭圆形时才使用。

当测量等轴晶粒时,先对试样进行初步观察,以确定晶粒的均匀程度。然后选择具有代表性部位及显微镜的放大倍数。倍数的选择,以在 80 mm 视野直径内不少于 50 个晶粒为限。之后将所选部位的组织投影到毛玻璃上,计算与毛玻璃上每一条直线交截的晶粒数目,(与每条直线相交截的晶粒应不少于 50 个)也可在带有刻度的目镜上直接进行。测量时,直线端部未被完全相交截的晶粒应以一个晶粒计算。相同步骤的测量最少应在三个不同部位各进行一次。用相截的晶粒总数除以直线的总长度(实际长度以 mm 计算),得出弦的平均长度(mm)。再根据弦的平均长度查表 2-9-2 即可确定钢的晶粒度大小。

表 2-9-2 晶粒度级别对照表

晶粒度级 N	放大 100 倍时 645 mm² 面积内晶粒数	平均每个晶粒所占面积/mm²	晶粒平均直径/mm	弦平均长度/mm
−3	0.06	1	1	0.875
−2	0.12	0.5	0.707	0.650
−1	0.25	0.25	0.5	0.444
0	0.5	0.125	0.353	0.313
1	1	0.0625	0.250	0.222

晶粒度级 N	放大 100 倍时 645 mm² 面积内晶粒数	平均每个晶粒所占面积/mm²	晶粒平均直径/mm	弦平均长度/mm
2	2	0.0312	0.177	0.157
3	4	0.0156	0.125	0.111
4	8	0.0078	0.088	0.0783
5	16	0.0039	0.062	0.0553
6	32	0.001 95	0.044	0.0391
7	64	0.000 98	0.031	0.0267
8	128	0.000 49	0.022	0.0196
9	256	0.000 245	0.0156	0.0138
10	512	0.000 123	0.0110	0.0098
11	1024	0.000 062	0.0078	0.0058
12	2048	0.000 031	0.0056	0.0048

三、实验要求

(1) 实验设备及材料：

① 金相显微镜。

② 晶粒度标准评级图。

③ 实验试样包括网状铁素体、网状渗碳体、网状屈氏体和低合金钢原始奥氏体晶粒等试样。

(2) 领取金相试样，然后在显微镜下观察。

(3) 画出观察到的形貌，并对照晶粒度标准评级图，给出评级。

四、思考题

(1) 如何测量钢的晶粒度？

(2) 有色金属的晶粒度可以测量吗？有哪些方法？

第三章　材料的力学性能测定

- 材料的硬度测定

- 材料的冲击韧性测定

- 金属材料的疲劳性能测定

实验一 材料的硬度测定

一、实验目的

(1) 进一步加深对硬度概念的理解。

(2) 了解布氏硬度、洛氏硬度和维氏硬度的基本原理。

(3) 掌握布氏硬度、洛氏硬度和维氏硬度的测试方法和操作步骤。

二、实验原理

硬度是表征材料软硬程度的一种指标。采用压入法测试材料硬度的方法有三种，测得的硬度分别称为布氏硬度、洛氏硬度和维氏硬度。不论哪种方法测得的硬度值，均表明材料抵抗外物压入时引起塑性变形的能力。接下来，将分别介绍三种硬度测试方法的原理。

1. 布氏硬度

用一定的压力将淬火钢球或硬质合金球压入试样表面，保持规定的时间后解除压力，于是在试样表面留下压痕，单位压痕面积 A 上所承受的平均压力即定义为布氏硬度值(HB)，如图 3-1-1 所示。

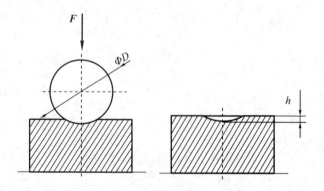

图 3-1-1　布氏硬度实验的原理图

已知施加的压力 F(单位为 kgf)，压头直径 D(mm)，只要测出试样表面的压痕深度 h 或直径 d(mm)，即可按下式求出布氏硬度值，一般不标出单位。

$$HB = \frac{0.204F}{\pi D(D - \sqrt{D^2 - d^2})}$$
(3-1-1)

式中，HB 为布氏硬度值；F 为试验力；D 为压头直径；d 为压痕直径。

2. 洛氏硬度

洛氏硬度试验是用锥顶角为 120° 的金刚石圆锥或直径为 1.588 mm 和 3.176 mm 的淬火钢球作压头和载荷配合使用，在 10 kgf 初载荷和 60 kgf、100 kgf 或 150 kgf 力总载荷(即初载荷加主载荷)先后作用下压入试样，在总载荷作用后，以卸除主载荷而保留主载荷时的压入深度与初载荷作用下压入深度之差来表示硬度，如图 3-1-2 所示，深度差愈大，则硬度愈低。深度差 $h = h_3 - h_1$，即被用来表示试样硬度的高低。为了符合习惯上数值愈大硬度愈高的概念，因此被测试样的硬度值须用以下的公式进行变换：

$$HR = \frac{K - (h_3 - h_1)}{C}$$
(3-1-2)

式中：HR 为洛氏硬度值，为无量纲数；K 为常数，当采用金刚石压锥时，$K = 100$，当采用钢球压头时，$K = 130$；C 为常数，表示指示器刻度盘上一个分度格相当于压头压入试样的深度，C 值恒等于 0.002 mm。为了能用同一硬度计测定从软到硬材料的硬度，可以采用不同的压头和载荷，组成 15 种不同的洛氏标尺，其中最常用的 HRA、HRB、HRC 三种。

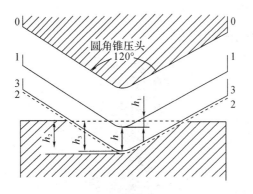

图 3-1-2　洛氏硬度实验的原理图

测定 HRC 时，采用金刚石压头，先加 10 kgf 预载，再加上 140 kgf 的主载荷；测定 HRB 时，采用 Φ1.588 的钢球作为压头，主载荷为 100 kgf；测定 HRA 时，所用的总载荷为 60 kgf。

3. 维氏硬度

维氏硬度测定的原理基本上与布氏硬度相同，也是根据单位压痕表面积上所承受的压力来定义硬度值。但测定维氏硬度所用的压头为金刚石制成的四方角锥体，两相对面间的夹角为136°，所加的载荷较小。测定维氏硬度时，也是以一定的压力将压头压入试样表面，保持一定时间后卸除压力，于是在试样表面留下压痕，如图3-1-3所示。已知载荷 F(kgf)测得压痕两对角线长度后取平均值 d(mm)，代入式(3-1-2)求得维氏硬度(HV)，单位为 kgf/mm^2，但一般不标注单位。

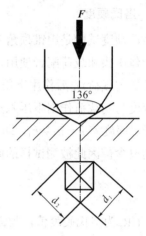

$$HV = \frac{2P\sin 68°}{d^2} = \frac{1.854P}{d^2} \qquad (3\text{-}1\text{-}2)$$

维氏硬度试验时，所加的载荷分别为 5 kgf、10 kgf、20 kgf、30 kgf、50 kgf 和 100 kgf 6 种。当载荷一定时，即可根据 d 值，算出维氏硬度表。试验时，只要测量压痕对角线长度的平均值，即可查表求得维氏硬度。

图 3-1-3　维氏硬度实验的原理图

三、实验设备及操作方法

1. 布氏硬度计及操作方法

图 3-1-4 为 HB-3000 型布氏硬度计。

图 3-1-4　HB-3000 型布氏硬度计

1) 试验前准备

(1) 选择压头：从表 3-1-1 中可以看到，布氏硬度试验的钢球及负荷是可以任意选择的，但对于同一试样，采用不同直径的钢球及不同的负荷，要得到相同的硬度值，或者说，要获得可以比较的结果，则只有在负荷与钢球直径的平方之比为一常数时才可能。

(2) 安装压头：将选好的压头装上试验机，并用螺钉轻轻预紧；将标准块放置在工作台上；将砝码吊架挂在大杠杆尾部刀刃上；旋转手轮加上试验力，至手轮与螺母相对滑动；将压头紧定螺钉压紧于固定杆的扁平处，即可完成安装。

(3) 选择试验力：按表 3-1-1 选择试验力。若选用的试验力为 187.5 kgf 时，将砝码吊架挂在大杠杆尾部刀刃上即可，若加上 62.5 kgf 的砝码就形成 250 kgf 的试验力，再加上 500 kgf 的砝码便形成 750 kgf 的试验力，以此类推。

(4) 选择试验力的保荷时间：按表 3-1-1 选择好试验力的保荷时间，将机身右侧的固定螺钉松开，把圆盘内的弹簧定位器旋转到所需的时间。

表 3-1-1　布氏硬度试验钢球直径与负荷选择表

材料	硬度范围	试样厚度	负荷与钢球之比(F/D^2)	钢球直径/mm	负荷/kgf	保荷时间/s
黑色金属	140～650	>6	30	10	3000	12
		6～3		5	750	
		<3		2.5	187.5	
黑色金属	<140	>6	30	10	3000	30
		6～3		5	750	
		<3		2.5	187.5	
有色金属及合金（黄铜及其他）	31.8～140	>6	10	10	1000	30
		6～3		5	250	
		<3		2.5	62.5	
		>6		10	250	
有色金属及合金（铝轴承合金）	8～35	6～3	2.5	5	62.5	60
		<3		2.5	15.6	

2) 试验过程

(1) 将丝杠顶面及工作台的上下端面擦干净，并将工作台置于丝杠安装孔中。应根据工件的大小选用适当的工作台。

(2) 将试件支承面擦拭干净，并放置于工作台上，旋转手轮使工作台缓慢上升，试样与压头接触直至手轮与螺母产生相对滑动。

(3) 打开电源，并接通电源，此时电源指示灯亮。然后启动按钮开关，立即作好拧紧机身右侧固定螺钉的准备，在保荷指示灯燃亮的同时迅速拧紧，使圆盘随曲柄一起回转直至自动反向和停止转动为止。从保荷指示灯燃亮到熄灭为试验力保持时间。

(4) 检查并确定试验结果：试验结束后，转动手轮，取下试样，用读数显微镜测量试样表面的压痕直径，将测得结果查表得出试样硬度值。

(5) 有关读数镜的使用，请阅读读数显微镜使用说明书。用此显微镜测定压痕读数时的光源必须注意，通常以中午的自然光为适宜，若在灯光下读数，应注意光线对压痕直径的影响。

2. 洛氏硬度计及操作方法

图 3-1-5 为 HR-150A 型洛氏硬度计。洛氏硬度计具有两个压头、三个标尺，对于不同的标尺，其总试验力、测量范围均不同(如表 3-1-2 所示)。在实验过程中，可以根据具体材料选择不同的标尺。HR-150A 型洛氏硬度计的操作方法如下：

图 3-1-5   HR-150A 型洛氏硬度计

1) 实验前的准备工作

(1) 调整主试验力的加载速度：侧面手柄置于卸载位置，手把转到 1471 N 的位置，将 35-55HRC 的标准硬度块放在工作台，旋转手轮使硬度块顶起主轴，加上初试验力，拉动手柄加主试验力，观察指示表大指针，从开始转动到停止的时间应在 4～8 s 范围内，如不符，可转动油针进行调整，反复进行，直到合适为止。

(2) 试验力的选择，转动手把使所选用的试验力对准红点，但必须注意变换试验力时，手柄必须置于卸载状态(即后极限位置)。

(3) 安装压头：安装压头时应注意消除压头与主轴断面的间隙。消除方法是：装上压头，并用螺钉轻轻固定，然后将标准块或试样放置于工作台上，旋转手轮加上初试验力，拉动手柄使主试验力加于压头上，再将螺钉拧紧，即可消除压头与主轴端面间的间隙。

表 3-1-2 压头及总试验力的选用

刻度符号	压头	总试验力/(kgf)	标注硬度符号	测量范围
A	120° 金刚石	588.4(60)	HRA	20～88
B	Φ1.588 mm 钢球	980.7(100)	HRB	20～100
C	120° 金刚石	1471(150)	HRC	20～70

A 标尺：用于测定硬度超过 70HRC 的材料(如碳化钨、硬质合金等)，也可测定硬的薄板材料及表面层淬硬的材料。

B 标尺：用于测定较软的或中等硬度的金属及未经淬硬的钢制品。

C 标尺：用于测定经过热处理的钢制品硬度。

2) 实验过程

(1) 将试样置于工作台上，旋转手轮使工作台缓慢上升，并顶起压头，到小指针指着红点，大指针旋转三圈垂直向上为止(允许相差 5 个刻度，若超过 5 个刻度，此点作废，重新试验)；

(2) 旋转指示器外壳，使 C、B 之间长刻线与大指针对正(顺时针或逆时针均可)；

(3) 拉动加载手柄，施加主试验力，这时指示器的大指针按逆时针方向转动；

(4) 当指示器指针的转动显著停顿下来后，即可将卸载手柄推回，卸除主试验力；

(5) 从指示器上相应的标尺读出：采用金刚石压头试验时，按表盘外圈的黑字读取，采用球压头试验时，按表盘内圈的红字读取；

(6) 转动手轮使试样下降，再移动试样，按以上(1)～(5)过程进行新的试验。

3. 维氏硬度计及操作方法

图 3-1-6 为 HV-1000 型显微硬度计。HV-1000 型显微硬度计是光机电一体化的高新技术产品，该机器造型新颖，具有良好的可靠性、可操作性和直观性，是采用精密机械技术和光电技术的新型显微维氏和努普硬度测试仪器。

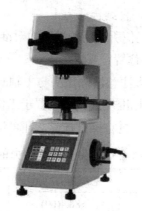

图 3-1-6　HV-1000 型显微硬度计

采用 HV-1000 型显微硬度计测量维氏硬度的流程如图 3-1-7 所示，其操作方法如下：

(1) 插上电源，打开电源开关。屏幕上出现界面，这时可以修改数据。比如：硬度标尺选择(选择 HV)、硬度换算选择，保荷时间选择、灯光亮暗选择，按按键可达到要求。

(2) 转动变换手轮，使试验力符合选择要求，变换手轮的力值和屏幕上显示的力值保持一致。旋动变换手轮时，应小心缓慢地进行。在旋转到最大力 1 kgf 时，转动位置已经到底，不能继续朝前转，应反向转动；转到最小力值 0.01 kgf 时也应反向转动。

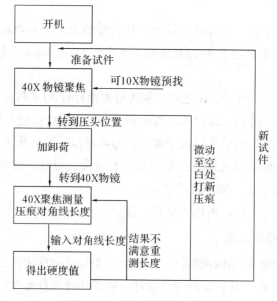

图 3-1-7　显微硬度测试流程

(3) 根据需要选择试验力保持时间，按键"DWELL+"或"DWELL-"，每按一次变化 1 秒，"+"为加，"-"为减。10 s 是最常用的试验力保持时间。

(4) 转动转盘，使 40× 物镜处于前方位置(光学系统总放大倍率为 400×，处于测量状态)。如视场光源太暗或太亮，可按键"LIGTHT+"或"LIGTHT-"。

(5) 将标准试块或试件放在十字试台上，转动旋轮使试台上升，当试件离物镜下端约 1～2 mm 时(不要碰到物镜)，然后用眼靠近测微目镜观察。当测微目镜的视场内出现明亮光斑时，说明聚焦面即将到来，此时应缓慢微量上升或下降试台，直至目镜中观察到试样表面清晰成像，这时聚焦过程完成。如果要观察试样表面上较大的视场范围，可将 10× 物镜转至前方位置，此时光路系统总放大倍率为 100×，处于观察状态。

(6) 将压头转至前方位置，要感觉到转盘已被定位，转动时应小心缓慢地进行，防止过快产生冲击，此时压头顶端与聚焦好的试样平面距离约为 0.3～0.45 mm。注：当测试不规则的试样时，要小心，防止压头碰击试样而损坏压头。

(7) 按"START"键，此时施加试验力(电机启动)，屏幕上出现"START TEST"表示开始测试；"LOAD"表示加试验力；"DWELL"表示保持试验力，"10、9、8、…、0"秒倒计时；"UNLOAD"表示卸除试验力；电机工作结束，屏幕上出现 d_1:0 等待测量。

(8) 将 40× 物镜转至前方，这时就可在测微目镜中测量压痕对角线长度，如果压痕不太清楚，可缓慢上升或下降试台，使之清晰；如果测微目镜内的两刻线较模糊时，可调节测微目镜上的眼罩，这以每个人的视力所定。在测微目镜的视场内可看到压痕，根据自己的视力稍微转动升降旋轮，上下移动试台将其调到最清楚。如果目镜内的两根刻线较模糊时，可调节眼罩使之最清晰，这以每个人的视力所定。测量压痕对角线方法如下：d—压痕对角线长度(μm)$d = n × 1$，n—测微目镜右鼓轮的格数(1 圈 50 格)；l—右鼓轮每格最小分度值(0.25 μm)；测量压痕对角线时，先转动测微目镜的左鼓轮，这时两刻线同时移动，先对准左边压痕的顶点；然后转动右鼓轮，使另一条刻线对准右边的顶点，测得对角线长度 d_1；将目镜旋转，测量压痕另一条对角线长度 d_2，屏幕上则出现显微硬度值。

(9) 转动变换手轮，试台下降，更换测试点，重复上述操作三次，最后取三个点的平均值。

(10) 分析结束后，清理试验台，关闭电源，做好日常清理及保养工作。

四、实验要求

(1) 实验材料：20 钢，45 调质钢，T10 钢，铸铁等。

(2) 分别对上述材料选择合适的硬度方法进行测试。

(3) 对每个试样，测量其 5～7 个点，并去除最高值、最低值后取其平均值为最终结果。

(4) 将所得的硬度值进行换算比较，分析硬度差异的原因。

五、思考题

1. 试说明布氏硬度、洛氏硬度、维氏硬度的实验原理，比较布氏、洛氏、维氏硬度测试方法的优缺点及应用范围，并说明影响实验结果精度的因素。

2. 有如下零件和材料需要测定硬度，试说明选用何种硬度试验方法为宜：

(1) 渗碳层的硬度分布；

(2) 淬火钢；

(3) 灰铸铁；

(4) 鉴别钢中的隐晶马氏体与残留奥氏体；

(5) 退火态低碳钢；

(6) 硬质合金。

实验二　材料的冲击韧性测定

一、实验目的

(1) 掌握冲击试验机的结构及工作原理。

(2) 掌握测定试样冲击性能的方法。

(3) 了解脆性和韧性材料断口的形貌特征及断裂机理。

二、实验原理

冲击韧性的实际意义在于揭示材料的变脆倾向，是反映金属材料对外来冲击负荷的抵抗能力，一般由冲击功(A_k)和冲击韧性值(α_k)表示，其单位分别为 J(焦耳)和 J/cm^2。

1. 冲击原理

由于冲击过程是一个相当复杂的瞬态过程，精确测定和计算冲击过程中的冲击力和试样变形是困难的。为了避免研究冲击的复杂过程，研究冲击问题一般采用能量法。能量法只需考虑冲击过程的起始和终止两个状态的动能、位能(包括变形能)，况且冲击摆锤与冲击试样两者的质量相差悬殊，冲断试样后所带走的动能可忽略不计，同时亦可忽略冲击过程中的热能变化和机械振动所耗损的能量，因此，可依据能量守恒原理，将冲断试样所吸收的冲击功作为冲击摆锤试验前后所处位置的位能之差。还由于冲击时试样材料变脆，材料的屈服极限 σ_s 和强度极限 σ_b 随冲击速度变化，因此工程上不用 σ_s 和 σ_b，而用冲击韧性值 α_k 衡量材料的抗冲能力。

常用的冲击实验原理如图 3-2-1 所示。实验时将具有一定质量 m 的摆锤举至一定的高度 H，使之具有一定的势能 mgH；将试样置于支座上，然后将摆锤释放，当摆锤下落到最低位置时将试样冲断，摆锤冲断试样时失去一部分能量，这部分能量就是冲断试样所作的功，称为冲击功，用 A_k 表示。剩余的能量使摆锤升起一定的高度 h，因此，剩余的能量即为 mgh。于是

$$A_k = mgH - mgh = mg(H - h) \qquad (3\text{-}2\text{-}1)$$

式(3-2-1)中，A_k 的单位为 J。摆锤冲击试样时的速度约为 4.0～5.0 m/s，应变速率约为 $10^3 \, s^{-1}$。

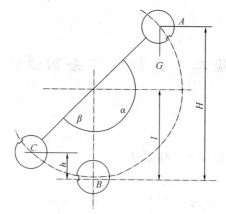

图 3-2-1　摆锤冲击试验原理图

2. 实验设备和试样

国标 GB/T229—2007 对金属常温冲击试验采用的切口弯曲试样、摆锤及支座的几何尺寸作了严格的规定，如图 3-2-2 和表 3-2-1 所示。若试样的切口为 U 型，将冲击功除以切口的净断面积 A_N，即得冲击韧性值，即为 α_{Ku}，$\alpha_{Ku} = A_K/A_N$。前苏联和欧洲国家采用这种 U 型切口试样。

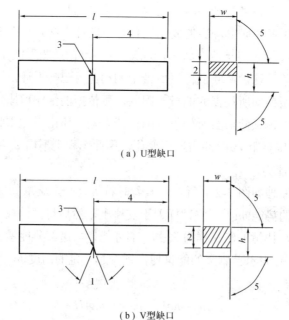

（a）U型缺口

（b）V型缺口

图 3-2-2　夏比冲击试样(符号 l、h、w 和数字 1～5 见表 3-2-1)

若采用 V 型切口试样，则冲击韧性值记为 A_{KV}。美、英、日等国家普遍采用 V 型切口冲击试样，测定冲击韧性并直接用冲击功 A_{KV} 表示冲击韧性。

表 3-2-1　试样的尺寸与误差

名　称	符号及序号	V 型缺口试样		U 型缺口试样	
		公称尺寸	机加工偏差	公称尺寸	机加工偏差
长度	l	55 mm	±0.60 mm	55 mm	±0.60 mm
高度 a	h	10 mm	±0.075 mm	10 mm	±0.11 mm
宽度 a	w				
——标准试样		10 mm	±0.11 mm	10 mm	±0.11 mm
——小试样		7.5 mm	±0.11 mm	7.5 mm	±0.11 mm
——小试样		5 mm	±0.06 mm	5 mm	±0.06 mm
——小试样		2.5 mm	±0.04 mm	—	—
缺口角度	1	45°	±2°	—	—
缺口底部高度	2	8 mm	±0.075 mm	8 mm b	±0.09 mm
				5 mm b	±0.09 mm
缺口根部半径	3	0.25 mm	±0.025 mm	1 mm	±0.07 mm
缺口对称面-端部距离 a	4	27.5 mm	±0.42 mm c	27.5 mm	±0.42 mm c
缺口对称面-试样纵轴角度	—	90°	±2°	90°	±2°
试样纵向面间夹角	5	90°	±2°	90°	±2°

a　除端部外，试样表面粗糙度应优于 R_a5 μm。

b　如规定其他高度，应规定相应偏差。

c　对自动定位试样的试验机，建议偏差用 ±0.165 mm 代替 ±0.42 mm。

三、实验要求

1. 实验内容

本试验选取碳钢和铸铁两种材料，制成 U 型缺口试样进行试验，步骤如下：

(1) 采用游标卡尺测量试样缺口处的横截面尺寸，其偏差应在规定的范围内。

(2) 根据所测试的材料，估计试样冲击吸收功的大小，从而选择合适的冲击摆锤和相应的测试度盘，使试样折断的冲击吸收功在所用摆锤最大能量的 10%～90% 范围内。

(3) 进行空打实验。其方法是使被动指针紧靠主动指针并对准最大打击能量处，然后扬起摆锤空打，检查此时的被动指针是否指零，其偏离不应超过度盘最小分度值的 1/4，否则需进行零点调整。

(4) 正确安装试样：将摆锤稍离支座，试样紧贴支座安放，使试样缺口的背面朝向摆锤打击方向，试样缺口对称面应位于两支座间的对称面上，其偏差不应大于 ±0.2 mm，如图 3-2-3 所示。

(5) 试验温度一般应控制在 10℃～35℃；对试验温度要求严格时为 23℃ ± 5℃。

(6) 进行试验。将摆锤举起到高度为 H 处并锁住，然后释放摆锤，冲断试样后，待摆锤扬起到最大高度，再回落时，立即刹车，使摆锤停住。

(7) 记录表盘上所指示的冲击吸收功 A_{KU}，取回试样，观察试样断口的形貌特征。

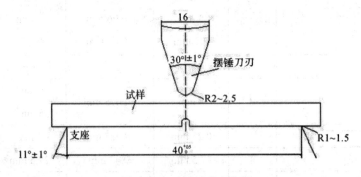

图 3-2-3　冲击试验示意图

2. 实验报告要求

(1) 计算冲击韧性值 α_{KU}，单位为 (J/cm^2)，即

$$\alpha_{KU} = \frac{A_{KU}}{A_N} \tag{3-2-2}$$

式(3-2-2)中：A_{KU} 为 U 型缺口试样的冲击吸收功(单位为 J)；A_N 为试样缺口处断面面积(单位为 cm^2)。

(2) 比较分析碳钢和铸铁两种材料抵抗冲击时所吸收的功，观察破坏断口的形貌特征。

(3) 实验时，如果试样未完全折断，若是由于试验机打击能量不足引起的，则应在实验数据 A_{KU} 或 α_{KU} 前加大于符号 ">"，其他情况引起的则应注明 "未折断" 字样。

(4) 实验过程中遇到下列情况之一时，实验数据无效：

① 错误操作。

② 试样折断前有卡锤现象。

③ 试样断口上有明显淬火裂纹且实验数据显著偏低。

3. 注意事项

(1) 安装试样时，其他人绝对不准抬起摆锤，应当先安置好试样，然后再举起摆锤。

(2) 开始冲击时，实验人员绝对不准站在冲击摆锤打击平面内，以防试样破坏飞出或摆锤落下伤人。

(3) 试样折断后，切勿立即拾回，以防摆锤伤人。

(4) 无论何时，在抬起摆锤时，都要特别注意轻放，保证安全，放下过快则会损坏试验机。

四、思考题

(1) 冲击韧性值 α_{KU} 为什么不能用于定量换算，只能用于相对比较？

(2) 冲击试样为什么要开缺口？

(3) 为什么冲击试验一般运用能量法？

(4) 碳钢和铸铁两种材料，各自冲击断口特征有何区别？

实验三 金属材料的疲劳性能测定

一、实验目的

(1) 了解疲劳试验的基本原理。

(2) 掌握疲劳极限、S-N 曲线的测试方法。

(3) 观察疲劳失效现象和断口特征。

二、实验原理

在足够大的交变应力作用下，在金属构件外形突变，表面刻痕或内部缺陷等部位，都可能因较大的应力集中引发微观裂纹。分散的微观裂纹经过集结沟通将形成宏观裂纹。已形成的宏观裂纹逐渐缓慢地扩展，构件横截面逐步削弱，当达到一定限度时，构件会突然断裂。金属因交变应力引起的上述失效现象，称为金属的疲劳。静载下塑性很好的材料，当承受交变应力时，往往在应力低于屈服极限没有明显塑性变形的情况下，突然断裂。疲劳断口(见图 3-3-1)明显地分为两个区域：较为光滑的裂纹扩展区和较为粗糙的断裂区。裂纹形成后，交变应力使裂纹的两侧时而张开时而闭合，相互挤压反复研磨，光滑区就是这样形成的。载荷的间断和大小的变化，在光滑区留下多条裂纹前沿线。至于粗糙的断裂区，则是最后突然断裂形成的。统计数据表明，机械零件的失效，约有 70%是疲劳引起的，而且造成的事故大多数是灾难性的。因此，通过实验研究金属材料抗疲劳的性能是有实际意义的。

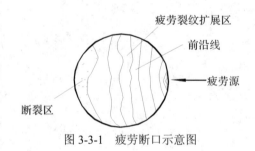

图 3-3-1 疲劳断口示意图

1. 疲劳抗力指标的意义

目前评定金属材料疲劳性能的基本方法就是通过试验测定其 S-N 曲线(疲劳曲线)，即建立最大应力 $\sigma_{\max}$ 或应力振幅 σ_a 与相应的断裂循环周次 N 之间的曲线关系。不同金属材料的 S-N 曲线形状是不同的，大致可以分为两类，其中一类曲线从某应力水平以下开始出现明显的水平部分，如图 3-3-2(a)所示。这表明当所加交变应力降低到这个水平数值时，试样可承受无限次应力循环而不断裂。因此将水平部分所对应的应力称之为金属的疲劳极限，用符号 σ_R 表示(R 为最小应力与最大应力之比，称为应力比)。若试验在对称循环应力(即 $R = -1$)下进行，则其疲劳极限以 σ_{-1} 表示。中低强度结构钢、铸铁等材料的 $S\text{-}N$ 曲线属于这一类。实验表明，黑色金属试样如经历 10^7 次循环仍未失效，则再增加循环次数一般也不会失效。故可把 10^7 次循环下仍未失效的最大应力作为持久极限。另一类疲劳曲线没有水平部分，其特点是随应力降低，循环周次 N 不断增大，但不存在无限寿命，如图 3-3-2(b) 所示。在这种情况下，常根据实际需要定出一定循环周次(10^8 或 5×10^7)下所对应的应力作为金属材料的"条件疲劳极限"，用符号 $\sigma_{R(N)}$ 表示。

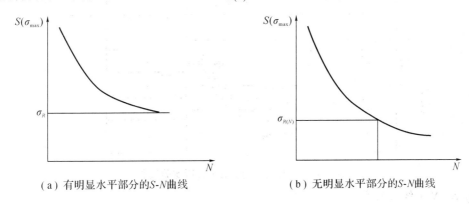

（a）有明显水平部分的$S\text{-}N$曲线　　　　（b）无明显水平部分的$S\text{-}N$曲线

图 3-3-2　金属的 S-N 曲线示意图

2. *S-N* 曲线的测定

1) 条件疲劳极限的测定

测试条件疲劳极限采用升降法，试件取 13 根以上。每级应力增量取预计疲劳极限的 5%以内。第一根试件的试验应力水平略高于预计疲劳极限。根据上根试件的试验结果是失效还是通过(即达到循环基数不破坏)来决定下根试件应力增量是减还是增，失效则减，通过则增。直到全部试件做完。第一次出现相反结果(失效和通过，或通过和失效)以前的试验数据，如在以后试验数据波动范围之外，则予以舍弃；否则，作为有效数据，连同其他数据加以利用，按以下公式计算疲劳极限：

$$\sigma_{R(N)} = \frac{1}{m} \sum_{i=1}^{n} v_i \sigma_i \tag{3-3-1}$$

式中，m 为有效试验总次数；n 为应力水平级数；σ_i 为第 i 级应力水平；v_i 为第 i 级应力水平下的试验次数。

例如某实验过程如图 3-3-3 所示，共 14 根试件。预计疲劳极限为 390 MPa，取其 2.5% 约 10 MPa 为应力增量，第一根试件的应力水平 402 MPa，全部试验数据波动如图 3-3-3，可见，第四根试件为第一次出现的相反结果，在其之前，只有第一根在以后试验波动范围之外，为无效，则按上式求得条件疲劳极限如下：

$$\sigma_{R(N)} = \frac{1}{3}(3 \times 392 + 5 \times 382 + 4 \times 372 + 1 \times 362) = 380 \text{ MPa}$$

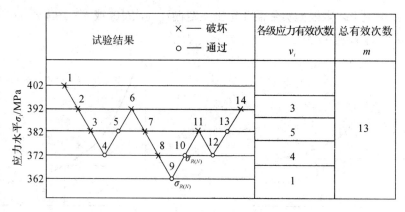

图 3-3-3　增减法测定疲劳极限实验过程

2) S-N 曲线的测定

测定 S-N 曲线(即应力水平—循环次数 N 曲线)采用成组法。至少取五级应力水平，各级取一组试件，其数量分配，因随应力水平降低而数据离散增大，故要随应力水平降低而增多，通常每组 5 根。使用升降法求得的，作为 S-N 曲线最低应力水平点。然后以其为纵坐标，以循环数 N 或 N 的对数为横坐标，用最佳拟合法绘制成 S-N 曲线，如图 3-3-4 所示。

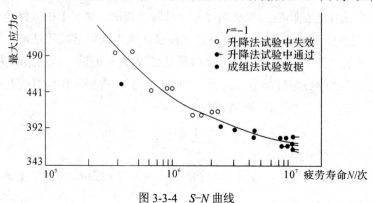

图 3-3-4　S-N 曲线

三、疲劳试验机及疲劳试样

1. 疲劳试验机

疲劳试验机有机械传动、液压传动、电磁谐振以及近年来发展起来的电液伺服等，本实验所用设备为旋转弯曲疲劳试验机，如图 3-3-5～图 3-3-7 所示。

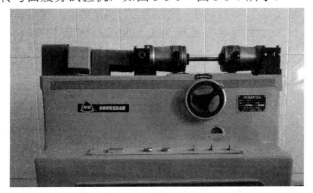

图 3-3-5　旋转弯曲疲劳试验机

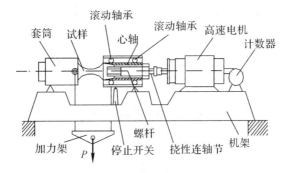

图 3-3-6　弯曲疲劳试验机的结构图

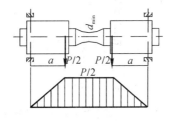

图 3-3-7　试样应力分布图

2. 疲劳试样

疲劳试样的种类很多，其形状和尺寸主要决定于试验目的、所加载荷的类型及试验机型号。现将国家标准中推荐的几种轴向疲劳试验的试样列于图 3-3-8 至图 3-3-13，以供选用。

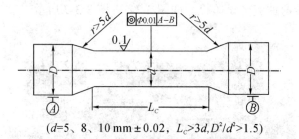

(d=5、8、10 mm±0.02，L_c>3d, D^2/d^2>1.5)

图 3-3-8　圆柱形光滑轴向疲劳试样

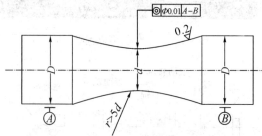

(d=5、8、10 mm±0.02，D^2/d^2>1.5)

图 3-3-9　漏斗形光滑轴向疲劳试样

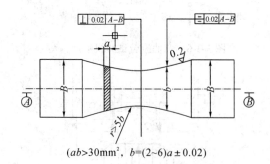

(ab>30mm², b=(2~6)a±0.02)

图 3-3-10　漏斗形轴向疲劳试样图

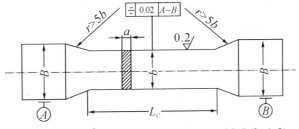

$(ab > 30\,\text{mm}^2,\ b = (2\sim6)a \pm 0.02,\ L_c > 3b, B/b > 1.5)$

图 3-3-11 矩形光滑轴向疲劳试样

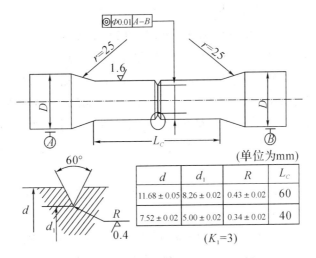

(单位为mm)

d	d_1	R	L_C
11.68 ± 0.05	8.26 ± 0.02	0.43 ± 0.02	60
7.52 ± 0.02	5.00 ± 0.02	0.34 ± 0.02	40

$(K_1 = 3)$

图 3-3-12 圆柱形 V 型缺口轴向疲劳试样

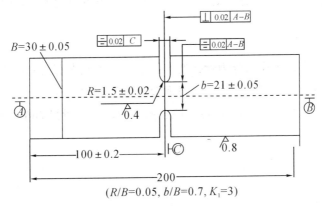

$(R/B = 0.05, b/B = 0.7, K_1 = 3)$

图 3-3-13 矩形 U 型缺口轴向疲劳试样

以上各种试样的夹持部分应根据所用的试验机的夹持方式设计。夹持部分截面面积与试验部分截面面积之比大于 1.5。若为螺纹夹持，应大于 3。

四、实验要求

本实验在旋转弯曲疲劳试验机上进行，试样形状与尺寸如图 3-3-5 所示。

(1) 领取试验所需试样，用游标卡尺测量试件的原始尺寸。表面有加工瑕疵的试样不能使用。

(2) 开启机器，设置各项试验参数，

(3) 安装试件。使试样与试验机主轴保持良好的同轴性。

(4) 静力试验。取其中一根合格试样，先进行拉伸测其 σ_b。静力试验目的一方面检验材质强度是否符合热处理要求，另一方面可根据此确定各级应力水平。

(5) 设定疲劳试验具体参数，进行试验。第一根试样最大应力约为 $(0.6 \sim 0.7)\sigma_b$，经 N_1 次循环后失效。继取另一试样使其最大应力 $\sigma_2 = (0.40 \sim 0.45)\sigma_b$，若其疲劳寿命 $N < 10^7$，则应降低应力再做。直至在 σ_2 作用下，$N_2 > 10^7$。这样，材料的持久极限 σ_{-1} 在 σ_1 与 σ_2 之间。在 σ_1 与 σ_2 之间插入 $4 \sim 5$ 个等差应力水平，它们分别为 σ_3、σ_4、σ_5、σ_6，逐级递减进行实验，相应的寿命分别为 N_3、N_4、N_5、N_6。

(6) 观察与记录。由高应力到低应力水平，逐级进行试验。记录每个试样断裂的循环周次，同时观察断口位置和特征。

(7) 实验结束，取下试件。清理实验场地，试验机一切机构复原。

根据实验记录进行有关计算。将所得实验数据列表；然后以 $\lg N$ 为横坐标，σ_{max} 为纵坐标，绘制光滑的 $S\text{-}N$ 曲线，并确定 σ_{-1} 的大致数值。报告中绘出破坏断口，指出其特征。

五、思考题

(1) 疲劳试样的有效工作部分为什么要磨削加工，不允许有周向加工刀痕？

(2) 实验过程中若有明显的振动，对寿命会产生怎样的影响？

(3) 若规定循环基数为 $N = 10^6$，对黑色金属来说，实验所得的临界应力值 σ_{max} 能否称为对应于 $N = 10^6$ 的疲劳极限？

第四章　综合设计实验

- 材料摩擦磨损性能

- 典型零件材料的选择和应用

- 微弧氧化表面改性及性能分析

- 3D 打印在材料中的应用

- 再结晶与力学性能分析

实验一 材料摩擦磨损性能

一、实验目的

(1) 了解常见材料的磨损类型。

(2) 掌握材料摩擦系数的测定方法。

(3) 掌握材料磨损率的表征方法。

二、实验原理

当物体与另一物体沿接触面的切线方向运动或有相对运动的摩擦趋势时，在两物体的接触面之间有阻碍它们相对运动的作用力，这种力叫摩擦力。接触面之间的这种现象或特性叫"摩擦"。摩擦有利也有害，但在多数情况下是不利的。例如，机器运转时的摩擦，造成能量的无益损耗和机器寿命的缩短，并降低了机械效率。

1. 材料的摩擦形式

目前，主要通过摩擦磨损试验进行材料摩擦性能的评估。按接触表面润滑状态，可将摩擦分为干摩擦、液体摩擦、边界摩擦及混合摩擦；按摩擦的接触形式和运动方式可分为点、线、面接触，滑动、滚动、滚滑、往复运动。其具体摩擦试验机如图 4-1-1 所示。摩擦系数一般通过电测法获得，即利用压力传感器将待测试样与摩擦副间的摩擦力转换成电信号并导出到测量和记录仪上。目前，微动摩擦的应用较为广泛，其摩擦试验机结构示意图如图 4-1-2 所示。

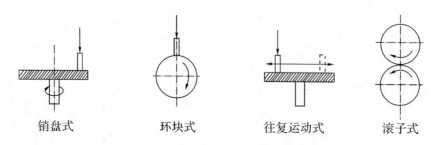

销盘式　　　　环块式　　　　往复运动式　　　　滚子式

图 4-1-1　摩擦试验机的几种典型形式

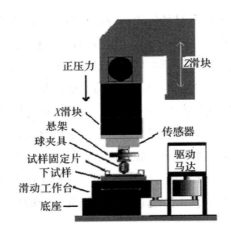

图 4-1-2　微动往复式摩擦试验机结构原理图

2. 材料的磨损形式

磨损无法从根本上加以消除，即使在摩擦副上加以润滑，也只能降低机械零件磨损程度。在负荷作用下，表面相对运动引起表面材料不断消耗，最终引起机械零件失效。为减少材料消耗，提高材料使用寿命，国内外投入了巨大的人力和物力研究材料的耐磨性，使它成为世界上发展最快的学科之一。在实际生产中，工件的工况条件千差万别，材料的磨损试验受载荷、速度、温度、周围介质、表面粗糙度、润滑和耦合材料等众多因素的影响，常见表现的磨损形态也不尽相同。因此，为方便研究和把握其规律，根据磨损所带来的破坏机理和特征，可将磨损分为以下几类：黏着磨损、磨粒磨损、疲劳磨损、腐蚀磨损和微动磨损。在现实工业生产中产生的磨损现象非常复杂，在一个工况下，并非只有单一的磨损形式，而是以一两种为主，多种磨损形式共同作用。

(1) 黏着磨损，又称咬合磨损。在摩擦副运动中，由于接触表面不平，摩擦副表面以点接触为主，在相对滑动和一定载荷作用下，表面接触点发生塑性变形或剪切，表面膜因而产生破裂，作用一段时间后，摩擦表面温度升高，严重时会使表面金属软化或融化，此时接触点产生黏着，在切向力作用下，结合点被撕裂，从而引起材料的损失。

(2) 磨粒磨损。磨粒磨损是指粗糙硬表面上的微凸体对相对较软的摩擦表面的划伤以及材料的工作表面受硬质颗粒的压入和摩擦所造成的磨损，即因硬质颗粒或硬质凸出物使材料迁移而造成的一种磨损。

(3) 疲劳磨损。疲劳磨损就是指金属材料摩擦副在相对运动时，在受到循环载荷的影响下，而引起较大的交变接触应力，在循环变形的作用下，导致材料超过其疲劳强度而形成材料表面裂纹、脱落、凹坑等材料失效问题。材料学上认为疲劳磨损是由于材料受到循环载荷作用导致重负变形而产生的，在这一过程中，在材料表面产生表面硬化及亚表层产生塑性变形，在表面产生裂纹并不断扩展，经过一定的循环次数后，裂纹将在表面扩大并剥离而成为碎片。疲劳磨损的类型主要有变形疲劳磨损和剥层疲劳磨损两类。

(4) 腐蚀磨损。腐蚀磨损指在摩擦过程中，由于材料与周围介质之间发生化学或电化学反应而发生的磨损现象。腐蚀磨损受外界介质的影响极大，在整个磨损过程中，材料受到腐蚀和磨损的共同作用，其特点与单独作用的磨损方式截然不同，其磨损量也绝非磨损与腐蚀造成磨损量的简单叠加。由于介质的性质、介质作用于摩擦面的状态以及摩擦材料的性能的不同，腐蚀磨损所表现的状态也不同。据此，一般将腐蚀磨损划分为三类：氧化磨损、特殊介质的磨损和气蚀。

(5) 微动磨损。微动磨损是在摩擦副表面因振幅相对较小的运动而产生的磨损。在载荷作用下，摩擦副表面的接触凸点形成黏结点，接触表面在受到微小的振动时，产生滑移使黏着点被剪切，剪切面逐渐被氧化而形成氧化磨损，氧化磨损因结合面较紧密而在摩擦副表面堆积，又产生磨粒磨损。可见微动磨损是黏着磨损、氧化磨损和磨粒磨损的组合。

磨损量是衡量材料磨损性能的一个重要指标。因受到施加载荷、材料表面状态等因素的影响，材料在摩擦过程中的磨损量变化极为明显，如图 4-1-3 所示。

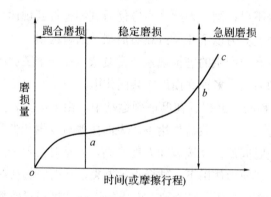

图 4-1-3　磨损量随摩擦过程的变化示意图

一般磨损量采用以下方法测得：

(1) 失重法。磨损失重主要采取称重法，称量试件实验前后的质量变化来确定磨损量。这种方法较为简单，应用广泛。常用设备为精密分析天平，测量范围为 0～200 g，精度为 0.1 mg。由于测量范围限制，称重法只能适用于小试件，且对于磨损失重较小的试样或多孔材料的测量，误差很大。

(2) 表面轮廓法。当磨损厚度不超过表面粗糙峰高度时，可用基于白光干涉原理的非接触式三维表面形貌仪直接测量样品磨痕表面轮廓的变化并直接计算磨损体积；当磨损厚度超过表面粗糙度时，必须采用测量基准的方法，如图 4-1-4 所示。

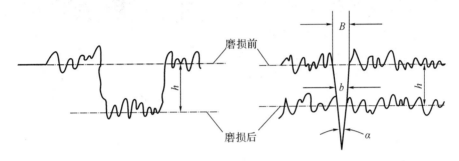

图 4-1-4　表面轮廓法的两种测量基准

磨损率是考量部件服役寿命的一个重要性能指标，但因影响磨损的因素众多，所以磨损率的计算显得尤其复杂。本实验中以单位距离及单位载荷下的磨损量作为磨损率，计算公式如下：

$$K = \frac{\Delta V}{F \cdot L} \tag{4-1-1}$$

其中，ΔV 表示磨损体积(μm^3)，可通过三维形貌仪获得磨痕表面形貌后由软件自动计算磨痕的体积；F 代表摩擦力(N)，即施加的载荷；L 表示滑动总距离(m)，根据实验过程中施加的摩擦频率、摩擦时间计算。

由于摩擦磨损发生在样品表面层，因此表层磨痕形貌的变化是研究摩擦磨损规律和机理的关键。因而，摩擦磨损表面形貌分析对深入分析摩擦磨损机理尤其重要。目前，摩擦后的磨痕表面形貌的变化可通过扫描电子显微镜观察并对其进行特征分析，进而获得材料的磨损机制。如图 4-1-5(a)所示，通过分析 LY12 合金在空气中干摩擦磨损形貌特征，发现黏着现象的存在，大块的氧化皮黏附在表面，主要因为随摩擦过程的进行，磨球对铝合金的磨损程度和摩擦热的产生将显著提高，使铝合金产生严重的表面氧化现象，在较大的循环应力作用下，氧化皮不可避免地产生裂纹直至脱落，其磨损机制为典型的氧化磨损。图 4-1-5(b)与图 4-1-5(c)则通过三维形貌仪表征材料的磨痕参数，定量化分析磨痕的磨损机理。

| （a）LY12合金在空气中的干摩擦磨损形貌 | （b）LY12合金在空气中干摩擦磨痕的三维形貌 |

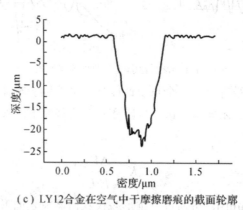

（c）LY12合金在空气中干摩擦磨痕的截面轮廓

图 4-1-5　LY12 合金在空气中干摩擦磨痕参量表征

三、实验要求

1. 实验设备

1）摩擦磨损试验机

摩擦磨损试验在 UMT-2MT 型多功能摩擦磨损试验机（美国 CETR 公司生产）上完成，采用球-平面接触，往复滑动方式。图 4-1-6 为本实验采用的摩擦磨损试验机实物图。X 轴滑块前后、上下方向固定不动，安装块相对于 X 轴滑块可以作左右运动，摩擦副 440C 不锈钢磨球装在夹头内，该夹头固定在上方的悬架上（悬架装在安装块上），可随安装块一起左右移动，从而实现磨球相对于样品的左右运动。固定磨球的夹头是可卸的，每次实验结束后均必须取下，将磨球换个位置，以确保始终是新鲜点接触下试样平面。样品台用于安装固定样品，下试样用螺钉固定在样品台上，样品台在后轴的带动下作前后运动，从而实现往复运动的方式。振幅可通过调节四周的小螺钉来调整，以达到试验要求。试样的左右位置、载荷、频率等均可通过电脑设定。运动时，上球固定不动，下试样做前后往复运动。传感器可以记录摩擦力(F_f)、法向载荷(F)、摩擦系数(μ)等，这些数据将直接从设备控制软件获得。

图 4-1-6　UMT-2MT 型多功能摩擦磨损试验机

2) 检测设备

本实验的检测设备包括场发射扫描电子显微镜(Quanta FEG 250)和 Micro-XAM 型非接触式三维表面形貌仪(见图 4-1-7)。

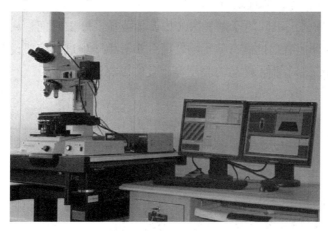

图 4-1-7　Micro-XAM 型非接触式三维表面形貌仪

2. 实验内容

(1) 材料准备。实验选择工程中常用的金属材料(如钢铁、钛合金、铝合金等任选一种)作为摩擦材料,将试样依次在丙酮、无水乙醇中超声清洗 15 min,干燥后备用。

(2) 材料摩擦系数测定。将待测样品固定于 UMT-2MT 型多功能摩擦磨损试验机上,选择 440C 钢球作为摩擦副,在仪器控制软件中设置合适的载荷、工作频率、摩擦时间,进行干摩擦实验。摩擦系数曲线和数值从试验机的控制软件直接获得。每个相同参数的试验重复 3 次,每次实验的摩擦系数值均取进入稳定态以后的数据作为平均值,将 3 次实验摩擦系数的平均值作为最终的摩擦系数。

(3) 膜层磨损率的测定。将经过摩擦磨损的样品置于非接触式三维表面形貌仪的工作台上,将目镜旋转至 5X,调节仪器的手柄将磨痕置于光线作用范围内,采集磨痕的三维轮廓,并采用软件计算相应的磨损量。再根据公式(4-1-1),计算材料的磨损率。

(4) 磨痕形貌观察。将样品固定于扫描电镜专用样品托上,采用场发射扫描电子显微镜观察微弧氧化膜层磨痕表面形貌,并分析其摩擦磨损机理。

(5) 实验结束后,取下样品,关闭相应的仪器,并清理实验室。

根据实验记录及获得的相关数据进行归纳,并依据相应的磨损率公式进行定量计算;同时深入分析材料的磨损机理,完成相应的综合实验报告。

四、思考题

(1) 简要阐述摩擦存在的优缺点。

(2) 如若实验中采用不同的摩擦参数（如施加载荷、摩擦时间）、摩擦副材料、摩擦环境等,对材料的摩擦磨损性能有何影响？请列举其中一项进行简要说明。

(3) 摩擦磨损形式对部件/样品的服役寿命有何影响？

实验二 典型零件材料的选择和应用

一、实验目的

(1) 掌握典型零件的选用原则。
(2) 掌握典型零件的热处理工艺和加工工艺。
(3) 掌握每道热处理工艺后的显微组织。

二、实验原理

1. 选材的一般原则

在机器制造工业中，无论是开发新产品还是更新老产品，在设计和制造机械零件的过程中，除了标准零件可由设计者查阅手册选用外，大都要考虑如何合理地选用材料这个重要问题。实践证明，影响产品的质量和生产成本的因素很多，其中材料的选用是否恰当往往起关键的作用。

从机械零件设计和制造的一般程序来看，先是按照零件工作条件的要求来选择材料，然后根据所选材料的机械性能和工艺性能来确定零件的结构形状和尺寸。在着手制造零件时，也要按所用的材料来制订加工工艺方案。比如选用的材料是铸铁，就只能用铸造方法去生产。机械零件在选材时，主要是考虑零件的工作条件、材料的工艺性能和产品的成本。

机械零件产品的设计不仅要完成零件的结构设计，还要完成零件的材料设计。零件的材料设计包含两方面的内容：一是选择适当的材料满足零件的设计及使用性能要求；二是根据工艺和性能要求设计最佳的热处理工艺和零件加工工艺。

选材的一般原则是材料具有可靠的使用性、良好的工艺性，制造产品的方案具有最高的劳动生产率、最少的工序周转和最佳的经济效益。

(1) 材料的使用性能。材料的使用性能包括物理性能、化学性能、力学性能。工程设计中人们所关心的是材料的力学性能。力学性能指标包括屈服强度(σ 或 $\sigma_{0.2}$)、抗拉强度(σ_b)、疲劳强度(σ_{-1})、弹性模量(E)、硬度(H_v)、伸长率(δ)、断面收缩率(φ)、冲击韧性(α_k)、断裂韧性(K_{IC})。

零件在工作时会受到多种复杂载荷的作用。选材时应根据零件的工作条件、结构因素、几何尺寸和失效形式来提出制造零件的材料性能要求，并确定主要性能指标。分析零件的失效形式并找出失效原因，可为选择合适材料提供重要依据。在选材时还应注意零件在工作时短时间过载、润滑不良、材料内部缺陷、材料性能与零件工作时性能之间的差异。

(2) 材料的工艺性能。材料的工艺性能包括铸造性能、锻造性能、切削加工性能、冲压性能、热处理工艺性能和焊接性能。

一般的机械零件都要经过多种工序加工，技术人员须根据零件的材质、结构、技术要求来确定最佳的加工方案和工艺，并按工序编制零件的加工工艺流程。对于单件或小批量生产的零件，零件的工艺性能并不显得十分重要，但在大批量生产时，材料的工艺性能则非常重要，因为它直接影响产品的质量、数量及成本。因此，在设计和选材时应在满足力学性能的前提下使材料具有较好的工艺性能。材料的工艺性能可以通过改变工艺规范、调整工艺参数、改变结构、调整加工工序、变换加工方法或更换材料等方法进行改善。

(3) 材料的经济效益。选择材料时，应在满足各种性能要求的前提下，使用价格便宜、资源丰富的材料。此外它还要求具有最高的劳动生产率和最少的工序周转，从而达到最佳的经济效益。

2. 典型零件材料的选择

(1) 轴类零件材料选择。轴类零件是机床中主要的零件之一，其质量好坏直接影响机床的精度和寿命。因此必须根据工作条件和性能要求，选择用钢和制定合理的冷热加工工艺。

工作条件：主要承受交变扭转载荷、交变弯曲载荷或拉压载荷，局部部位（如轴颈）承受摩擦磨损，有些轴类零件还受到冲击载荷。

失效形式：断裂(多数是疲劳断裂)、磨损、变形失效等。

性能要求：具有良好的综合力学性能、足够的刚度以防止过量变形和断裂，高的断裂疲劳强度以防止疲劳断裂，受到摩擦的部位应具有较高的硬度和耐磨性。此外它还应有一定的淬透性，以保证淬硬层深度。

(2) 齿轮类零件的选材。

工作条件：齿轮在工作时因传递动力而使齿轮根部受到弯曲应力，齿面存在相互滚动和滑动摩擦的摩擦力，齿面相互接触处承受很大的交变接触压应力，并受到一定的冲击载荷。

失效形式：主要有疲劳断裂、点蚀、齿面磨损和齿面塑性变形。

性能要求：具有高接触疲劳强度、高表面硬度和耐磨性、高抗弯曲强度，同时心部应有适当的强度和韧性。

(3) 弹簧类零件的选材。

工作条件：弹簧主要在动载荷下工作，即在冲击、振动或者周期均匀地改变应力的条件下工作，它起到缓和冲击力的作用，使与其配合的零件不致受到冲击力而出现早期破坏现象。

失效形式：常见的是疲劳断裂、变形和弹簧失效变形等。

性能要求：必须具有高疲劳极限(σ_{-1})与弹性极限(σ_e)，尤其是高屈强比(σ_s/σ_b)。此外它还应有一定的冲击韧性和塑性。

(4) 轴承类零件的选材。

工作条件：滚动轴承在工作时承受着集中和反复的载荷。轴承类零件的接触应力大，通常为 150～500 k/mm^2，其应力交变次数每分钟高达数万次。

失效形式：过度磨损破坏、接触疲劳破坏等。

性能要求：具有高抗压强度和接触疲劳强度，高而均匀的硬度和耐磨性。此外它还应有一定的冲击韧性、弹性和尺寸稳定性。因此要求轴承钢具有高耐磨性及抗接触疲劳的性能。

(5) 工模具类零件的选材。

工作条件：车刀的刃部与工件切削摩擦产生热量，使得温度升高，有时可达 500℃～600℃；在切削的过程中还要承受冲击、振动。冷冲模具一般用于制作落料冲孔模、修边模、冲头、剪刀等，在工作时刃口部位承受较大的冲击力、剪切力和弯曲力，同时还与坯料发生剧烈摩擦。

失效形式：主要有磨损、变形、崩刃、断裂等。

性能要求：具有高硬度和红硬性、高强度和耐磨性、足够的韧性和尺寸稳定性以及良好的工艺性能。

三、实验要求

1. 实验内容（选择下列一个实验进行）

(1) 机床主轴在工作时承受交变扭转和弯曲载荷，但载荷和转速不高，冲击载荷也不大。轴颈部位受到摩擦磨损。机床主轴整体硬度要求为 25～30 HRC，轴颈、锥孔部位硬度要求为 45～50 HRC。

(2) 手用丝锥在工作时受到扭转和弯曲的复合作用，不受振动与冲击载荷。手用丝锥(≤M12)的硬度不低于 60 HRC。手用丝锥(≤M12)的金相组织要求淬火马氏体针不大于 2 级。

实验步骤如下：

① 查阅有关资料。

② 试从 20、45、40Cr、T9、20CrMnTi、Cr12MoV 材料中选定一种最合适的材料。

③ 制定预先热处理和最终热处理工艺。

④ 写出各热处理工艺的目的和获得的组织结构。

⑤ 经指导教师认可后进实验室操作。

⑥ 利用实验室现有设备，将选好的材料按制定的热处理工艺进行操作。

⑦ 测量热处理后的硬度，观察每道热处理工艺后的组织，判断是否达到预期的目的。如有偏差，分析原因。

2. 实验设备

箱式电阻炉、硬度计、金相显微镜、抛光机、金相砂纸等。

3. 实验报告要求

(1) 明确实验目的。

(2) 根据机床主轴或手用丝锥的实验步骤，写出实验的详细过程(包括材料选用、加工工艺路线、热处理工艺、测试的硬度值，以及每道热处理工艺后的显微组织照片)。

(3) 分析存在问题，提出改进方案。

四、思考题

(1) 制订热处理工艺方案时需要考虑哪些因素？其对热处理后的性能有什么影响？

(2) 探讨控制显微组织的方法。

实验三 微弧氧化表面改性及性能分析

一、实验目的

(1) 了解微弧氧化表面改性技术原理。

(2) 掌握微弧氧化样品的制备方法。

(3) 掌握微弧氧化样品常规性能表征方法，包括显微硬度、表面形貌等。

二、实验原理

轻金属通常是指密度低于 $3.5 \times 10^3 \, \mathrm{kg/m^3}$(钡的密度)的金属，其中包括钡、铝、镁和碱金属及碱土金属，有时也将密度为 $4.5 \times 10^3 \, \mathrm{kg/m^3}$ 的钛与通常称之为半金属的硼和硅都归属于轻金属。其中锂是轻金属中最轻的元素，铝、镁、钛则是最重要和最具代表性的。在此基础上，轻合金材料则是以轻金属为基，通过添加一些合金元素形成的。由于铝合金、镁合金、钛合金是目前使用量最大的三种轻合金结构材料，因此，轻合金材料一般是指铝合金、镁合金、钛合金。轻合金材料作为一种新型金属材料，其具有的特殊优异性能和巨大的发展潜力越来越受到人们的关注，并在各行各业中起着举足轻重的作用。相比于传统的金属材料，轻合金材料因其质量轻、高强度、耐高温、耐腐蚀、抗疲劳等优异性能，在机械制造业、航空航天、国防军工、建筑装饰、石油化工、电子信息、生物医学等领域发挥出其显著的优势。然而，尽管轻合金具有优异的性能，但在特殊极端服役条件下，仍不足以满足工业化使用性能需求。目前，提高轻合金在特殊工况下的服役性能，主要表现为：一是合金化，通过在轻合金熔炼过程中添加陶瓷增强相、稀土元素等提升其性能，通常该种工艺方法制造成本高、工艺复杂、异种材料界面润湿性能调控困难，难以规模化、产业化；二是表面改性，通过表面处理或者涂层技术(如物理气相沉积、化学气相沉积、电化学沉积等)改善其综合服役性能。

微弧氧化也被称为等离子体电解氧化，是一种高压的等离子阳极氧化过程，被广泛应用于轻合金表面改性，其工艺原理图如图 4-3-1 所示。将轻合金试样放入电解液中，随着外加电压的上升，电解槽中阴、阳极间的电压也随之上升，溶液中的部分气体在电场的作用下发生电离，同时阳极也发生氧化反应，随后，带电离子在电场的作用下分别向阴阳两

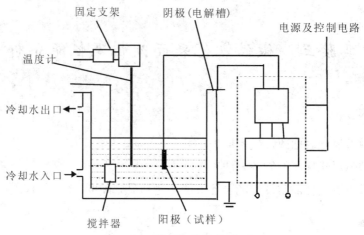

图 4-3-1　微弧氧化技术原理图

极运动。通常将微弧氧化工艺分为阳极氧化阶段、火花放电阶段、微弧氧化阶段和弧光放电阶段四个阶段，具体如下。

(1) 阳极氧化阶段：反应初期阳极表面有大量的小气泡溢出，并迅速上升至液面，表面渐渐失去光泽，随着电压升高，气泡增多且变大、变密，击穿电压产生前，电压上升很快，迅速达到一定值时，形成氧化铝膜层。膜层随着时间的增加而逐渐增厚，促使电压上升得越来越高，这为等离子体的形成创造了条件。

(2) 火花放电阶段：当施加电压接近击穿电压时，前期形成的氧化膜被击穿，便在试样表面开始出现闪亮的等离子体弧。在高电场的作用下，不断生成新的氧化物，氧化膜的薄弱区域不断出现，弧光点在试样表面高速移动。但随该阶段的电压趋于稳定，氧化膜生长缓慢，且厚度很薄，硬度及致密度较低，不能应用。

(3) 微弧氧化阶段：随着氧化膜的增长，击穿电压不断上升，当击穿电压继续增大时，在试样表面便出现致密的红色弧斑，并伴有强烈刺耳的爆鸣声，这一阶段属于膜层主要生长阶段，故称为微弧氧化阶段。膜层随着氧化时间的不断延长而生长增厚，这使膜层的再次击穿变得更加困难，红色弧斑逐渐变得硕大而稀疏。

(4) 弧光放电阶段：该阶段已到达微弧氧化末期，此阶段火花将出现两种现象：一种现象是火花斑点变得稀疏，随后将逐渐消失，轰隆隆的爆鸣声停止，该阶段称为熄弧阶段；另一种现象是仍然伴有零星的呈黄褐色的火花斑点，几乎在一处停滞不动的闪烁，对膜产生局部烧蚀、凹坑而构成破坏，实验中应采用适当方法延迟或尽量避免。

一般地，在微弧氧化过程中，形成一定的疏松层后，基体内的渗透氧化占了主导地位，膜向内生长速率决定整个膜层的生长速率。随着时间的延长，膜厚增加，电击穿变得越来越困难，试样表面的弧光变小，但膜内部仍然存在微弧放电，使得氧化膜继续向内部生长，形成致密层。致密层主要是由高温原位生成的氧化物陶瓷相组成，具有良好的使用性能。

　　微弧氧化过程非常复杂，几种氧化过程可能会同时发生。由于放电通道的截面积很小，电流密度又很大，在通道内会形成一个瞬间的高温微区。有研究报道，微弧氧化瞬间温度高达 2000℃，在放电通道内完成系列复杂的化学及物理反应。以铝合金为例：

　　放电通道内的化学反应为：

$$2H_2O \rightarrow 2H_2 \uparrow + O_2 \uparrow$$
$$4OH^- - 4e \rightarrow 2H_2O + O_2 \uparrow$$
$$H_2O \rightarrow 2[H] + [O]$$
$$2Al + 3[O] \rightarrow Al_2O_3$$
$$2[O] \rightarrow O_2 \uparrow$$
$$2[H] \rightarrow H_2 \uparrow$$

　　放电通道内的物理反应：

$$Al - 3e \rightarrow Al^{3+}$$
$$Al^{3+} + O^{2-} \rightarrow Al_2O_3$$

　　起初形成的 Al_2O_3 主要以非晶态形式存在，但在后续高温作用下，可发生如下相变反应：

$$Al_2O_3 (熔融非晶态) \rightarrow \gamma\text{-}Al_2O_3 (熔融)$$
$$\gamma\text{-}Al_2O_3 (熔融) \rightarrow \alpha\text{-}Al_2O_3 (熔融)$$
$$\gamma\text{-}Al_2O_3 (熔融) \rightarrow \gamma\text{-}Al_2O_3 (固态)$$
$$\alpha\text{-}Al_2O_3 (熔融) \rightarrow \alpha\text{-}Al_2O_3 (固态)$$

　　由此可见，微弧氧化的过程较复杂，原位生成的陶瓷物相种类较多，须借助于材料分析测试方法进行测定与判别。

　　微弧氧化技术是一种新型的表面处理技术，突破了传统法拉第区域阳极氧化的限制，可对铝合金进行电化学、微等离子体形式的高温高压处理，使非晶结构的氧化层发生相结构变化，生成原位生长的致密陶瓷膜。因此，微弧氧化涂层具有高硬度、良好的耐磨及耐蚀性能、较好的热稳定性和介电性能。

1. 微弧氧化膜层表面形貌特征观察及分析

　　微弧氧化膜层的形成主要依赖于试样表面绝缘膜的击穿而形成的放电通道。因而，微弧氧化膜分三层结构：表面外层疏松、粗糙、多孔；工作层致密，为主要强化层，决定膜层性能；基体与致密层之间的过渡层呈微区范围内犬牙交错的冶金结合，使铝合金基体与陶瓷工作层紧密结合。通常情况下，微弧氧化膜层的形貌的影响因素很多，如工艺参数(工作电压、工作电流、氧化时间等)、电解液组分等。微弧氧化膜层表面多表现为微米尺度孔洞结构，故其形貌特性通过电子扫描显微镜得以清晰观察。如图4-3-2(a)为钛合金微弧氧化膜层表面形貌，其表面分布孔径大小不一的盲孔结构；图4-3-2(b)为钛合金微弧氧化膜层截面形貌，Ⅰ区域为钛合金基体；Ⅱ区域为致密工作层，层内组织致密无穿孔；Ⅲ区域为表面疏松层，其中Ⅰ与Ⅱ犬牙交错界面为氧化物陶瓷膜与基体冶金过渡结合区域，增强了膜层与基体的界面结合强度。

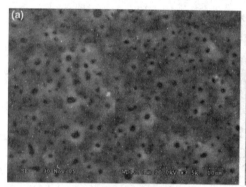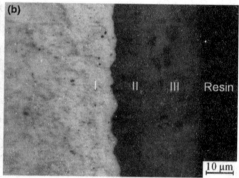

（a）钛合金微弧氧化膜表面形貌　　　　　　（b）钛合金微弧氧化膜层截面形貌

图4-3-2　钛合金微弧氧化膜层的形貌特性

2. 微弧氧化膜层表面粗糙度表征

表面粗糙度是试样表面具有的较小间距和微小峰谷的不平度，其两波峰或两波谷之间的距离（波距）很小，它属于微观几何形状误差。表面粗糙度越小，则表面越光滑。表面粗糙度与试样的耐磨性、疲劳强度、接触刚度、振动和噪声等有密切关系，其对产品的使用寿命和可靠性有重要影响。为定量研究试样表面粗糙度，通常采用轮廓记录仪、轮廓仪、光切式显微镜和干涉显微镜等途径直接测量表面粗糙度。根据国标"GB/T1031—2009《表面结构轮廓法表面粗糙度参数及其数值》"和"GB/T131—2006(ISO1302:2002)《表面结构的表示法》"，目前微弧氧化膜层大多基于白光干涉原理获得较为精确的表面粗糙度测量值。

3. 微弧氧化膜层硬度表征

目前，测量微弧氧化膜层硬度多数采用维氏显微硬度，根据维氏硬度试验国家标准

GB/T 4340.1—2009，进行膜层的显微硬度表征。

三、实验要求

1. 实验设备

(1) 微弧氧化设备。

本实验采用 30 kW 直流脉冲微弧氧化设备(WHD-30)对轻合金进行表面微弧氧化处理，如图 4-3-3 所示。该设备由高压脉冲电源、电解槽、搅拌系统和冷却系统组成。该装置可提供恒流控制、恒压控制、恒功率控制三种不同工作方式的交流脉冲电源，功率为 30 kW，其主要技术参数为：频率 50～2000 Hz，正向工作电压 0～750 V，负向工作电压 0～250 V，正负向工作电流均为 0～50 A，电压电流稳定精度均为小于等于 1%，正、负占空比 5%～95%可调，脉冲个数 1～30 可调。

(2) 检测设备。

场发射扫描电子显微镜(Quanta FEG 250)，Micro-XAM 型非接触式三维表面形貌仪，HXD-1000TMD 显微硬度计。

图 4-3-3　WHD-30 型直流脉冲微弧氧化设备

2. 实验内容

(1) 基体材料准备。选择工程中常用的轻合金材料(铝合金、钛合金及镁合金任选一种)作为基体材料，将试样加工成规则形状(如圆形或方形)，并在基体材料表面加工直径为 $\Phi 3$ mm 的孔，便于与电极间的装夹。依次采用 200#、600#、1000#、1500# 及 2000# 的 SiC 砂纸打磨轻合金试样，然后依次在丙酮、无水乙醇中超声清洗 15 min，干燥后备用。

(2) 电解液配置。查阅资料，自行设计电解液的配方。

微弧氧化电解液的配制：先取去离子水少量，在搅拌过程中（室温）依次将主要组分、辅助添加组分、性能改善组分、配位组分以及其他添加组分加入水中，并在添加过程中待一种组分完全溶解之后再添加另一种组分。组分添加完之后，继续搅拌直至完全溶解为止。然后添加去离子水至规定体积量。

(3) 微弧氧化制样。以铝合金为例，根据试样的形状和尺寸，计算出试样的表面积，取电流密度为 6 A/dm^2，由电流密度计算出相应的工作电流，并在控制器上设置相应的电流及每个试样的微弧氧化时间。将待干燥后样品作为阳极，不锈钢电解槽作为阴极，置于电解液中，将铝合金试样置于电解液中合适位置固定，接通电源，通过微弧氧化设备控制面板设置工艺参数，打开冷却水和搅拌装置，采用单向直流脉冲微弧氧化电源，对试样进行微弧氧化处理。将制备的陶瓷膜层用去离子水和无水乙醇依次清洗，晾干后待用。

(4) 表面形貌观察。将样品固定于扫描电镜专用样品托上，采用场发射扫描电子显微镜观察微弧氧化膜层的表面级截面微观形貌特征。

(5) 表面粗糙度测定。将待测样品放置于三维形貌仪工作台上，选择合适的物镜放大倍率，扫描样品的表面，获得待测试样的三维表面形貌图，并通过软件自动获取表面粗糙度测量值。

(6) 显微硬度检测。将待测样品置于 HXD-1000TMD 显微硬度计的工作台上，进行微弧氧化膜层表面显微硬度检测，施加的载荷为 200 g，保持作用时间为 10 s。每个硬度连续测量 5 次，并取其平均值作为最终硬度。

(7) 实验结束，取下样品，关闭相应的仪器，并清理实验室。

根据实验记录及获得的相关数据进行归纳，同时深入分析轻合金微弧氧化膜层的相貌特征及与硬度的相互关系，完成相应的综合实验报告。

四、思考题

(1) 微弧氧化工艺适用的范围，并简要阐述其优点。

(2) 如若实验中采用不同的工艺参数(如工作电压、工作电流、氧化时间)及不同的电解液，对微弧氧化膜层的表面形貌特征及表面粗糙度有何影响？请简要列举一例加以说明。

(3) 试简述微弧氧化膜层表面粗糙度对其寿命有何影响。

实验四 3D 打印在材料中的应用

一、实验目的

(1) 理解快速成型制造工艺原理和特点。

(2) 了解快速成型制造过程与传统的材料去除加工工艺过程的区别。

(3) 推广该项技术的普及和应用。

二、实验原理

1. 快速原型技术的基本工作过程

快速成型技术是由 CAD 模型直接驱动的快速制造复杂形状三维物理实体技术的总称。其基本过程具体如下：

(1) 首先设计出所需零件的计算机三维模型，并按照通用的格式存储(STL 文件)；

(2) 根据工艺要求选择成型方向(Z 方向)，然后按照一定的规则将该模型离散为一系列有序的单元，通常将其按一定厚度进行离散(习惯称为分层)，把原来的三维 CAD 模型变成一系列的层片(CLI 文件)；

(3) 再根据每个层片的轮廓信息，输入加工参数，自动生成控制代码；

(4) 最后由成型机成形一系列层片并自动将它们连接起来，得到一个三维物理实体；

这样就将一个物理实体复杂的三维加工转变成一系列二维层片的加工，因此大大降低了加工难度。由于不需要专用的刀具和夹具，使得成型过程的难度与待成型的物理实体的复杂程度无关，而且越复杂的零件越能体现此工艺的优势。

2. 快速原型技术的特点

(1) 由 CAD 模型直接驱动。

(2) 可以制造具有复杂形状的三维实体。

(3) 成型设备是无需专用夹具或工具的成型机。

(4) 成型过程中无人干预或较少干预。

(5) 精度较低，分层制造必然产生台阶误差，堆积成型的相变和凝固过程产生的内应力也会引起翘曲变形，这从根本上决定了 RP 造型的精度极限。

(6) 设备刚性好，运行平稳，可靠性高。

(7) 系统软件可以对 STL 格式原文件实现自动检验、修补功能。

三、实验主要仪器设备与操作

1. 3D 打印(FDM)主要技术指标

FDM 快速成型系统如图 4-4-1 所示。

最大成品尺寸：220 mm × 220 mm × 160 mm。

精确度：±0.025 mm。

原料：ABS。

阔度：0.254～2.54 mm。

厚度：0.05～0.762 mm。

FDM 设备的 3D 打印部分零件如图 4-4-2 和图 4-4-3 所示。

图 4-4-1　FDM 快速成型系统

图 4-4-2　零件一

图 4-4-3　零件二

2. 操作步骤

1) 数据准备

(1) 零件三维 CAD 造型，生成 STL 文件(使用 Pro/E、UG、SolidWorks、AutoCAD 等软件)。

(2) 选择成型方向。

(3) 参数设置。

(4) 对 STL 文件进行分层处理，启动 INSIGRT 软件，按原型机要求设置相关硬件参数，打开需选择的 STL 文档进行分层、做支撑物、喷料路径等编辑操作，储存 *.Job 文档。

2) 制造原型

(1) 成型准备工作。

① 开启原型机，设置工作温度分别为：270℃、235℃、69℃。

② 装料及出料测试，送模型材料、支撑材料至喷头出料嘴。通过查看材料的出料抽伸扭矩，判断是否进入喷嘴装置。材料温度到达 270℃和支撑材料到达 235℃后，将喷头中老化的丝材吐完，直至 ABS 丝光滑。

③ 标定调校，启动 FOMSTATUS 软件，做支撑材料 X、Y 及 Z 轴方向吐料标定调校。

(2) 造型。

启动 FDMSTATUS 软件，添加 "*.Job" 文档联机，电脑自动将文档指令传输给机器。输入起始层和结束层的层数。单击 "Start"，系统开始估算造型时间。接着系统开始扫描成型原型。(估算造型时间应放在底板对高前，以免喷头烤到底板)

(3) 后处理。

① 设备降温。原型制作完毕后，如不继续造型。即可将系统关闭，为使系统充分冷却，至少于 30 分钟后再关闭散热按钮和总开关按钮。

② 零件保温。零件加工完毕，下降工作台，将原型留在成型室内，薄壁零件保温 15～20 分钟，大型零件 20～30 分钟，过早取出零件会出现应力变形。

③ 模型后处理。小心取出原型。去除支撑，避免破坏零件。成型后的工件需经超声清洗器清洗，融化支撑材料。

3. 实验注意事项

(1) 存储之前选好成型方向，一般按照"底大上小"的方向选取，以减小支撑量，缩短数据处理和成型时间。

(2) 受成型机空间和成型时间限制，零件的大小控制在 30 mm × 30 mm × 20 mm 以内。

(3) 尽量避免设计过于细小的结构，如直径小于 5 mm 的球壳、锥体等。

(4) 尤其注意喷头部位未达到规定温度时不能打开喷头按钮。

四、实验要求

1. 实验材料

PLA 和 ABS 线材要求如表 4-4-1 所示。

表 4-4-1　实验材料要求

材料：	ABS 材料	PLA 材料
打印温度：	195℃～230℃	220℃～250℃
密度：	(1.25 ± 0.05) g/cm^3	(1.04 ± 0.2) g/cm^3
熔体流动速度：	5～7 g / 10 min(190℃　2.16 kg)	2～4 g / 10 min(190℃　2.16 kg)
吸水性：	0.5%	1%
拉伸强度：	≥60 MPa	≥43 MPa
弯曲模量：	≥60 MPa	≥60 MPa
断裂伸长度：	≥3.0%	≥10.0%
直径：	≥3.0 mm / 1.75 mm	≥3.0 mm / 1.75 mm
气泡：	100%无气泡	100%无气泡
净重：	1 kg	1 kg
线盘尺寸：	直径 200 mm，高 66 mm，中心圆孔直径 56	
ABS 热床温度：	80℃～120℃ (PLA 不加热床)	

2. 实验内容

(1) 利用计算机对原型件进行切片，生成 STL 文件，并将 STL 文件送入 FDM 快速成型系统；对模型制作分层切片；生成数据文件。

(2) 快速成型机按计算机提供的数据逐层堆积，直至原型件制作完成。

(3) 观察快速成型机的工作过程。

3. 实验报告要求

(1) 测量打印零件关键尺寸与加工要求之间的误差范围，分析产生加工误差的原因。

(2) 根据所给三维图，任选其一进行成型工艺分析(定义成型方向，指出支撑材料添加区域，成型过程中零件精度易受影响的区域)。

(3) 根据实验过程总结成型过程中对精度的影响的因素(包括数据处理和加工过程)。

以上报告内容字数不限，但请如实填写你的真实看法。

五、思考题

(1) 讨论影响 3D 打印精度的因素？

(2) 造型精度会影响零件精度吗？

(3) 切片的间距的大小对成型件的精度和生产率会产生怎样的影响？

(4) 试分析制约 3D 打印技术发展的瓶颈。

实验五 再结晶与力学性能分析

一、实验目的

(1) 了解金属进行塑性变形时，变形度对金属显微组织和硬度的影响。

(2) 掌握回复—再结晶—力学性能之间的关系。

二、实验内容

1. 金属材料的塑性变形

材料：给定拉伸量分别为 5%、10%、20%、30%变形量的退火状态低碳钢。

(1) 对 4 种状态的低碳钢试样进行硬度测试(HRC)，每个试样测量 3 点并取平均值。

(2) 制备金相试样。

(3) 用金相显微镜进行组织观察，分析变形度对显微组织的影响。

2. 金属材料的再结晶

(1) 测试硬度后，将变形度最大的试样选择再结晶退火温度(不少于 4 个温度)进行处理，在同一温度下分别用不同的保温时间(不少于 3 个)进行再结晶退火。

(2) 对退火后的试样进行硬度测试(HRC)，每块试样测试 3 点并取平均值。

(3) 金相试样制备。

(4) 用金相显微镜进行组织观察，分析退火加热温度、保温时间对显微组织的影响。

三、实验要求

1. 实验设备及试样

(1) 设备：箱式电阻炉、金相显微镜、磨抛机等。

(2) 试样：低碳钢拉伸变形试样(变形量分别为 5%、10%、20%、30%)。

2. 实验操作

(1) 根据实验内容查阅有关资料。

(2) 写出实验方案，包括以下几方面。

① 选择 4 个再结晶温度，在每个温度下选择 3 个保温时间，使试样晶粒恢复并长大。

② 写出实验的操作步骤，包括以下几方面：

ⅰ. 确定加热温度和保温时间。

ⅱ. 制备金相试样。

ⅲ. 拍摄金相照片。

(3) 提交实验方案，经指导教师确认后进实验室操作。

3. 实验报告要求

(1) 分析变形度与显微组织的关系并提供金相照片。

(2) 分析再结晶退火工艺与显微组织组织的关系并提供金相照片。

(3) 对实验结果进行分析与讨论。

四、思考题

(1) 再结晶后的组织与原始组织有什么差别？

(2) 如何控制再结晶后材料的力学性能？

(3) 探讨退火温度和保温时间对再结晶行为的影响？

附录一　金属硬度对照表

抗拉强度 (RM)/ (N/mm²)	维氏硬度 (HV)	布氏硬度 (HB)	洛氏硬度 (HRC)	抗拉强度 (RM)/ (N/mm²)	维氏硬度 (HV)	布氏硬度 (HB)	洛氏硬度 (HRC)
250	80	76.0		625	195	185	
270	85	80.7		640	200	190	
285	90	85.2		660	205	195	
305	95	90.2		675	210	199	
320	100	95.0		690	215	204	
335	105	99.8		705	220	209	
350	110	105		720	225	214	
370	115	109		740	230	219	
380	120	114		755	235	223	
400	125	119		770	240	228	20.3
415	130	124		785	245	233	21.3
430	135	128		800	250	238	22.2
450	140	133		820	255	242	23.1
465	145	138		835	260	247	24.3
480	150	143		850	265	252	24.8
490	155	147		865	270	257	25.6
510	160	152		880	275	261	26.4
530	165	156		900	280	266	27.1
545	170	162		915	285	271	27.8
560	175	166		930	290	276	28.5
575	180	171		950	295	280	29.2
595	185	176		965	300	285	29.8
610	190	181		995	310	295	31.0

抗拉强度 (RM)/ (N/mm²)	维氏硬度 (HV)	布氏硬度 (HB)	洛氏硬度 (HRC)	抗拉强度 (RM)/ (N/mm²)	维氏硬度 (HV)	布氏硬度 (HB)	洛氏硬度 (HRC)
1030	320	304	32.2	1920	580	551	54.1
1060	330	314	33.3	1955	590	561	54.7
1095	340	323	34.4	1995	600	570	55..2
1125	350	333	35.5	2030	610	580	55.7
1175	360	342	36.6	2070	620	589	56.3
1190	370	352	37.7	2105	630	599	56.8
1220	380	361	38.8	2145	640	608	57.3
1255	390	371	39.8	2180	650	618	57.8
1290	400	380	40.8		660		58.3
1320	410	390	41.8		670		58.8
1350	420	399	42.7		680		59.2
1385	430	409	43.6		690		59.7
1420	440	418	44.5		700		60.1
1455	450	428	45.3		720		61.0
1485	460	437	46.1		740		61.8
1520	470	447	46.9		760		62.5
1557	480	456	47.6		780		63.3
1595	490	466	48.4		800		64.0
1630	500	475	49.1		820		64.7
1665	510	485	49.8		840		65.3
1700	520	494	50.5		860		65.9
1740	530	504	51.1		880		66.4
1775	540	513	51.7		900		67.0
1810	550	523	52.3		920		67.5
1845	560	532	53.0		940		
1880	570	542	53.6				

附录二 布氏硬度值与压痕对照表

压痕直径 d	HB	压痕直径 d	HB	压痕直径 d	HB	压痕直径 d	HB	压痕直径 d	HB	压痕直径 d	HB	压痕直径 d	HB
3.14	378	3.55	293	3.96	234	4.37	190	4.78	157	5.19	132	5.6	111
3.15	375	3.56	292	3.97	232	4.38	189	4.79	156	5.2	131	5.61	111
3.16	373	3.57	290	3.98	231	4.39	188	4.8	156	5.21	130	5.62	110
3.17	370	3.58	288	3.99	230	4.4	187	4.81	155	5.22	130	5.63	110
3.18	368	3.59	286	4	229	4.41	186	4.82	154	5.23	129	5.64	110
3.19	366	3.6	285	4.01	228	4.42	185	4.83	154	5.24	129	5.65	109
3.2	363	3.61	283	4.02	226	4.43	185	4.84	153	5.25	128	5.66	109
3.21	361	3.62	282	4.03	225	4.44	184	4.85	152	5.26	128	5.67	108
3.22	359	3.63	280	4.04	224	4.45	183	4.86	152	5.27	127	5.68	108
3.23	354	3.64	278	4.05	223	4.46	182	4.87	152	5.28	127	5.69	107
3.24	356	3.65	277	4.06	222	4.47	181	4.88	150	5.29	126	5.7	107
3.25	352	3.66	275	4.07	221	4.48	180	4.89	150	5.3	126	5.71	107
3.26	350	3.67	274	4.08	219	4.49	179	4.9	149	5.31	125	5.72	106
3.27	347	3.68	272	4.09	218	4.5	179	4.91	148	5.32	125	5.73	106
3.28	345	3.69	271	4.1	217	4.51	178	4.92	148	5.33	124	5.74	105
3.29	343	3.7	269	4.11	216	4.52	177	4.93	147	5.34	124	5.75	105
3.3	341	3.71	268	4.12	215	4.53	176	4.94	146	5.35	123	5.76	105
3.31	339	3.72	266	4.13	214	4.54	175	4.95	146	5.36	123	5.77	104
3.32	337	3.73	265	4.14	213	4.55	174	4.96	145	5.37	122	5.78	104
3.33	335	3.74	263	4.15	212	4.56	174	4.97	144	5.38	122	5.79	103
3.34	333	3.75	262	4.16	211	4.57	173	4.98	144	5.39	121	5.8	103
3.35	331	3.76	260	4.17	210	4.58	172	4.99	143	5.4	121	5.81	103
3.36	329	3.77	259	4.18	209	4.59	171	5	143	5.41	120	5.82	102

压痕直径 d	HB	压痕直径 d	HB	压痕直径 d	HB	压痕直径 d	HB	压痕直径 d	HB	压痕直径 d	HB	压痕直径 d	HB
3.37	326	3.78	257	4.19	208	4.6	170	5.01	142	5.42	120	5.83	102
3.38	325	3.79	256	4.2	207	4.61	170	5.02	141	5.43	119	5.84	101
3.39	323	3.8	255	4.21	205	4.62	169	5.03	141	5.44	119	5.85	101
3.4	321	3.81	253	4.22	204	4.63	168	5.04	140	5.45	118	5.86	101
3.41	319	3.82	252	4.23	203	4.64	167	5.05	140	5.46	118	5.87	100
3.42	317	3.83	250	4.24	202	4.65	167	5.06	139	5.47	117	5.88	99.9
3.43	315	3.84	249	4.25	201	4.66	166	5.07	138	5.48	117	5.89	99.5
3.44	313	3.85	248	4.26	200	4.67	165	5.08	138	5.49	116	5.9	99.2
3.45	311	3.86	246	4.27	199	4.68	164	5.09	137	5.5	116	5.91	98.8
3.46	309	3.87	245	4.28	198	4.69	164	5.1	137	5.51	115	5.92	98.4
3.47	307	3.88	244	4.29	198	4.7	163	5.11	136	5.52	115	5.93	98
3.48	306	3.89	242	4.3	197	4.71	162	5.12	135	5.53	114	5.94	97.7
3.49	304	3.9	241	4.31	196	4.72	161	5.13	135	5.54	114	5.95	97.3
3.5	302	3.91	240	4.32	195	4.73	161	5.14	134	5.55	114	5.96	96.9
3.51	300	3.92	239	4.33	194	4.74	160	5.15	134	5.56	113	5.97	96.6
3.52	298	3.93	237	4.34	193	4.75	159	5.16	133	5.57	113	5.98	96.2
3.53	297	3.94	236	4.35	192	4.76	158	5.17	133	5.58	112	5.99	95.9
3.54	295	3.95	235	4.36	191	4.77	158	5.18	132	5.59	112	6	95.5